TIMING

在这交会时互放的光亮

偶然

U0213545

出　品　新经典文化股份有限公司

责任编辑　汪　欣
特约编辑　陈湘淅　孙　琪　雯　雅
新媒体编辑　彭颖露
封面摄影　叁视境图
封面人物　姜小白 Wanyue Monty
设计总监　韩　笑

特约撰稿　苏　娅　李孟苏　樊月姣
　　　　　张　凡　孔明珠　陈小庚　钟乐乐
　　　　　李　然　姜米粒　白关夫妇
　　　　　暴走夫妇（排名不分先后）
摄影师　毛振宇　倪　良　马振楠　等
特约插画　白关

明天请来我家吃饭

木小偶 主编

新星出版社 NEW STAR PRESS

明天请来我家吃饭

文_ 木小偶

"请来我家吃饭"，曾是很常见、很普通的一件事。今天你吃了没？有空来家里吃饭！这种最经常的打招呼方式，建立起一种日常的人际关系，它，很中国。

那时候，请人下馆子就算一种排场了，须要重大节日或人生值得纪念的事的时候才正式地邀请一次聚宴，很喧嚣，花去一笔不小的开支，对于当时的家庭也是一个小小的负担。更为亲切和日常的方式则是请人到家吃饭，负责主厨的，往往是贤惠的主妇，或是居家的父母们。菜是寻常材料，经由这些家庭主厨的巧手却总能做出几道很见功力的珍馐美馔。芙蓉蛋炒得嫩出油来，鲜鱼煎得又脆又香，小小汤煲里的虾、鱼丸全家福也是时有惊喜……味道和性价比都要好过下馆子不少，合乎胃口、舒适经济，宴席之间说不出的话家庭圆桌上都能贴心贴肺地说上一通，极为亲切。能来家吃的人，也都是"交得起朋友的人"，没有拿你当外人，这是最和睦的人际关系状态。邀请亲戚朋友到家吃饭也成为一种习以为常的沟通方式，甚至是一种社交方式。人们通过这种你来我往建立起了一种日常邻里的熟人社群。那些家中的聚会总是带有更私人化的交流和倾吐，曾是中国人最重要的精神交流方式。也许你已经忘记了当年的味道，忘记了当时每次家宴时内心喜悦伴随的忐忑，但永远忘记不了当年那一席席家宴带来的温暖、自在的光晕。

再后来，手机变成人人必备的沟通工具，大中华的各类馆子横排街头，生日聚会、加薪升职，甚至谈恋爱的纪念日都要在最好的餐厅里方显得珍惜和有氛围，频繁下馆子吃饭成了另外一种热闹的状态。很少有人亲自为三五好友在家下厨做饭。即便在家宴客，也尽量选新鲜、昂贵、丰富的食材，或者以尽量新潮的方式，方显得主人的好客。大家的沟通也尽是层出不穷的改变带来的新鲜。

在急速变化的世界里，一切坚固都会烟消云散。家和社交关系也发生了巨大的变化。被视为和美幸福的大圆桌被拆解为一个又一个三口之家，甚至常年一人食的独自生活方式慢慢成为城市生活的主流，更注重效率更注重个人隐私的时代里，很少有人再有时间和兴致邀请别人去家里吃饭。

APP 随时可以叫餐，那些标准化的菜单，流水线的服务，时间感受和仪式感全然消失了。一切都是程式，连你吃饭也只是程序里一道环节，你只是用钱购买服务。你有无数的选择，却被选项淹没在无从选择的汪洋里。

你有快餐、自助餐、霸王餐、派对餐、温泉套餐，多得出现选择障碍，吃过就迅速忘却。所有陪你吃饭的人，都是面目模糊的。

你失去了吃饭的触动，一碗汤、一杯茶、一盘菜、一杯酒，曾经微细的喜悦的单位，都被一种空虚的填充所吞噬。

你失去的不是饮食本身，而是因饮食而打开那个消逝的感性空间。

有些食物变得可以吃，可以不吃。

有些人变得可以交往，可以不交往。

对食物渴望也变得可以有，可以没有。

世界总是处于欲望递减的下坡路上。

有趣的是，如今邀请朋友到家吃饭成了一种最奢侈的事情，能被邀请到朋友家吃饭则视为最受尊重、值得炫耀的事。这意味着你即将享受一些 APP 叫不到、主人为你量身打造或即兴呈现出一桌属于你的饭菜和温暖。精心的美食和放松的交流则是最好的助兴，一些记忆和美好在这轻松的食物氛围里被激活，压箱底的回忆在交流的过程中得以复苏，已经遗忘的某个场景又重新浮出记忆来，这个时候你和朋友已经进入另外一个层面的情感交流，食物的滋味、烹饪方法都已经不重要，重要的是你需要一个餐桌，你和朋友需要餐桌那么远的距离，不能太近，不能太远。

明天请你来我家吃饭，在这个喜欢问"今天你吃了吗"的民族，当你说出这句话的时候，意味着——

必定有一扇门，为你开启。

必定有一张桌子、一席之位为你预留。

必定有体贴周全的饭菜，为你烹制。

必定有每次徘徊心头欲说又止的话，为你倾吐。

《明天请来我家吃饭》是想唤醒这种濒临消失的沟通方式，有空常来家坐坐，这种邀约意味着向朋友打开一扇心门，一席饭菜之间，找回好好吃饭、好好相处的温暖和性情。

《明天请来我家吃饭》里，我们打算呈现和还原现今社会分层的一些真实个体的情绪和欲望。

对一家三代同堂小嘉来说，如何理解上一代人，是个大问题。小嘉的父亲是某北方企业掌门人，家传一团三十年多年的老面肥，比小嘉的年龄还要大，这老面肥陪伴了父亲的青春时期事业的激荡和孩子的成长，老面肥也给这个北方家宴里孕育了新的馒头、花卷、面包……但依托父亲肩膀站在城市里的二代，他们对父辈食物的理解天然是有隔阂的。

另外一枚家宴主人苏娅，曾在北京做了多年文化记者，选择回家乡大理生活。她住在苍山洱海间的三塔寺附近的别墅里，她的家宴的客人包括从日本千叶来大理做自然农法的辽太郎先生，他们自己种地种菜涵及日常一切，更有甚者，连妻子生孩子都自己来，选择自然分娩。当你看到分娩剪掉脐带所用的剪刀，你会意识到，逃离城市的那批人已经开始自己动手了。

苏娅跟一位七十多岁白族老太太学习传统白族菜。更迭了几十年的白族菜肴，已经鲜有人问津。采访的当天上午，老太太的私人活动居然是约了几位八十多岁的老太太去看一位即将百岁的老太太，老人家们在一起就是吃吃喝喝聊天，家宴真有一种一期一会的忧伤，在世的日子，见一次少一次。

作家茅盾的内侄女孔明珠的家宴在上海文艺圈小有名气，她写的是八九十年代"文艺青年"聚会，作家李孟苏全世界寻找家宴的餐具，来自丹麦皇家或者日本匠人的餐具每一个都是独一无二，上千件食器里居然没有一件重样，每一个都煞费苦心。

其中也不乏有厨师这样专业人士的家常饭，最让五星级酒店主厨柴鑫开心的是"在家做饭，只为家人高兴"。会八国语言、去过四十三个国家的 90 后金融分析师 Jonathan 周末用家宴和甜品，与朋友交流着……

这是一众流动的家庭盛宴，也是一种精神幻想的出口。城市很大，最寂寞的黑洞往往是独自一人的餐桌，一个可以跟你交杯换盏畅所欲言的人。当你说明天请来我家吃饭，意味着你已经在心里把这个人放在最干净和明亮的地方，愿意去了解和探索彼此内心的世界。

你知道，你离朋友的距离，只需要一张桌子那么远。

城市很大，你未必能找得到一个真诚想请你回家吃饭的人。这就是真相。

也许现在，对你的朋友说，明天请来我家吃饭？

李然

潮汕菜搭配江浙菜晚宴
清汤潮汕手打牛肉丸
羊肚菌灼菜心
龙井虾仁
狮子头
蒸海鲜盘
黑山猪肉自制腊味煲
醪糟芝麻汤圆

法式与日式融合晚宴
无花果沙拉配牛肝菌
炭烤鳗鱼配红菜头
天妇罗炸虾
香煎海鲈鱼
低温慢煮鸭胸
鲣鱼节乌冬面
宇治抹茶外郎

纯法式晚宴
南瓜无花果沙拉配帕马森奶酪
法式土豆大葱汤配龙虾肉
黑松露烩饭
煎三文鱼配茴香头沙拉
煎和牛西冷配藜麦沙拉土豆泥
法式白兰地烤苹果

林贞标
年年有鱼
红烧肉
干煎蘑菇
相煎何太急（汤）
腌大闸蟹
萝卜条虾饼
蛋白黑松露
土中土
炒芥兰
惺惺相惜（甜品）

孔明珠
鳗鱼鲞
酱肉
酱鸭
风鹅
醉蚶
咸蟹
金瓜拌海蜇
葱油冬瓜皮
菜虾米拌笋丁
美芹冬笋炒风鳗
清汆文蛤
蛤汤炖蛋
柠檬鲜虾莴笋
桂花蛋拌陈小排
皮蛋拌凉粉
鱼子豆腐
夫妻肺片
油焖茭白
白菜金针菇火腿丝
清蒸大闸蟹
天麻乌鸡汤
黄芪支竹烧羊肉
清香鸭子
椰浆南瓜
干贝蒸白萝卜
蜜渍无花果
玉子烧
梅菜基尾虾
玉米排骨火腿汤
炸蕃薯小饼
豆腐味噌汁
芦蒿炒腊肉
杭椒豆干
蒜泥刀豆
笋培根卷
美芹目鱼
蒸臭豆腐
豆豉炒花蛤

李孟苏
盐烤白果
帕尔马火腿配雪峰柚
捷克奶酪拼盘
Tapas
酸汤肥牛
红烩海虹
热带水果什锦杂拌

他们的
私家菜单

目 录
Contents

苏娅

独立撰稿人，现居大理。曾做过六年以上戏曲编剧，后进入新闻业，担任某主流财经媒体资深文化记者。喜欢写作，喜欢用文字的方式，带着推理的色彩去观察世界，更清晰，节奏不紧不慢，沿着时空线索徐徐展开。生活是一本最好的小说。

山海之间
大理四季乡宴的
九种滋味

文_ 苏娅
图_ 马振楠
　　 木小偶

仔细想想，这四年，我和朋友的交往，通常围绕着做吃的这一线索进行。大概因为大理这个小城的空间尺度，太适合宴席聚会，又或者在乡下，吃食这件事，是人们不多的能自由操持的奢侈事物。一个我不太愿意提及、稍微带有等级观念的现象是，往往愈是清苦人家的吃食，愈能激发我的占有欲：一瓶辣椒油、亲戚朋友转辗送来的几个老品种的小李子，是普通人家所能拥有的奢侈品，以此相送，带着主人满满的心意。

我们不善于表达感情，一颗心都放在吃的东西里了。

食物，万物之中旷然持久的对话

三年前，我们去大理的上银村，拜访在这里从事"自然农法"耕种的上条辽太郎先生，他在电话那端指引去他家的路，最后不忘嘱咐一句：从214国道转上来的时候，会经过我的地，可以看看我地里的稻穗，长得很好看。

这是一个农人的满足感，在我心里留下的第一道凹痕。之后，有时说起自己种的菜，辽太郎会说，因为要留种子，有机会看到很多蔬菜的花，胡萝卜的花就很好看，小碗大小一团一团的灰白色，顶在有灰度的绿色茎上，蓬松明亮。他喜欢冬天的蔬菜，"冬天的菜没有那么多的'我我我'，很安静，慢慢长大的，不像夏天的菜，好像是

雨后的苍山

喊着'我来了我来了'蹦出来的。"

食物以一种生命的状态，改变了我习以为常的印象，曾经，理所当然地以为它们就是一道成品、半成品，用来消费和果腹。

四年前，我辞去记者的工作，回到大理，在苍山下找了个邻近崇圣寺的房子住下，从那时起，我隐约的梦想就是成为苍山东坡最会种花的宅厨。之后，如果有一个擅长厨艺的朋友教会我做一道菜，或者指点给我购买某种特殊食材应该找的可靠农户，喜悦和感激，与曾经谁教会我写某一种类型文章，是相当的。

大理这个地方，田地深广，山脉无尽，加上高海拔低纬度的地理特征，物产多样，食材鲜美，很多人来到这里，慢慢养成生活家的另一个原因是，此地很难像大城市，街上有便利的面包店、咖啡馆、餐厅或快餐店，想吃什么，一个简单的购买行为就能实现。这里，大部分

人的饮食习惯还保留着跟随节令自己动手制作的传统，所以想吃到新鲜、好吃的食物，真得自己学习操办才行。

人们之间的交往，食物也是重要纽带，你送一盘面包给邻居，邻居一定会等到新烙的饼出炉，才愿奉还食器。

食物何止维系着人和人的关系，可以说是你与你的周遭、自然世界对话的宝贵契机。乡村生活，不免单调、缓慢，但如果看看田野里农作物生长变化的次序，又会恍然于自然时序流变之迅捷。又或者，从更具体的地方来看，那些院子里仿佛一夜之间新熟的无花果，大清早发现已经被飞鸟和松鼠啃了三五个，自然界的法则永远是：先下"嘴"为强。秋天，无花果一天熟六七个，鸟和松鼠吃一半，我们吃一半。这些是所见、是日常，万物之中旷然持久的对话。

如果你想成为一个好园丁，得有一只对园

4

艺好奇的猫，陪伴你侍弄泥和花草，点滴劳动，似乎正在幻化成一座形而上的花园，住进猫咪专注的眼睛。

如果你碰巧成了好厨子，一定是因为有两只馋嘴的狗狗，永远对灶台上热气腾腾的清晨充满好奇，这股对每一口铜锅洋溢的奇异香气的渴望，久而久之，会让它们披上厨神一般的能量，陪伴你。

就像辽太郎说的那样，如果你的工作对象是看不见的事物，那你要祈念神明帮助。辽太郎酷爱做食物，不止耕种，还做酿造类食物——酒、醋、酱油、咸菜和纳豆，下面我将说到、用到的味噌，也是他亲手制作——从制作做味噌要用的酒曲（做酒曲用的一小袋种麹从日本邮购），再到黄豆和盐揉制的整个过程，历经一年的发酵，最终成为餐桌上一钵带着晶莹剔透的琥珀金色的地道味噌汤。

辽太郎做味噌，用青稞或大米制成酒曲，以煮熟、捣碎的黄豆为材料是可见的，整个揉制和发酵的过程，借助于看不见的菌群、温度、湿度与气压奇妙的变化，又是不可见的，因而也是要靠神明帮助。可以说，烹饪这件事，就是去体会与不可见事物的对话，寻求调和的工作，是需要魔法的。

记得我小的时候，有一回数学考得很差，父亲这样激励我：有人适合学数学，有人不适合，但一个人只要有一个真本事就可以了——而父亲眼里的"真本事"，包括会做一道可口的菜。那是一个大人喜欢用"只要学习好，就可以不用做家务"作为奖赏来激励孩子的年代。直到成年以后，对父亲当年说的这番话，才回过味来，

长久的，它成了我心里的一个魔法，尤其是当我奉上一道好菜，得到由衷赞叹，心底满是"口弗能言，志弗能喻"的滋味。

稍纵即逝的事物，与人分享才能释放喜悦

好看又好吃的秋天到了。九月以后的大理，是欢悦宴集的时节，延绵的雨季在一场骤然而至的雷暴雨之后远去。此时天空澄明，原野深阔，农事告一段落，大家开始呼朋唤友，一场一场的宴席，将持续到明年春天来临。

白族人的饮食习惯，仍然部分地保留着依循时序的传统：春天吃青，青豆米未及熟透就摘来与湖里的鱼炖煮，鲜甜幼嫩，春天还有林中蕨类的芽尖，或林木新发的茎叶，清苦气息的树头菜炒腊月的爆腌肉是那个时节的最爱；夏天吃林中野生的蘑菇、松茸、鸡枞、见手青、牛肝菌；秋天食果，这个季节本地人会用青梅做成乌梅、炖梅、梅子酱，用来煮酸辣口味的鱼，或者作凉拌菜的调料，秋天也是晾晒和储藏菜蔬的日子；冬天吃冻鱼，鱼类饱满的胶原蛋白在一夜冷空气里紧紧地冻住了，隔天食用，口感清冽、柔韧，滋味深厚。

这些鲜蔬野味，稍纵即逝，上市的十天半月，如果买到昂贵的食材，一定会呼朋唤友聚齐了品尝，好像总有这样的感觉，经过盼望和等待得来的东西，一定要与人分享，才能最充分地释放那种喜悦的感觉。

正值初秋时节，我们打算动手做今年秋冬

菌子、迷迭香、紫苏

鸡枞菌

火腿

海菜

延续至下一个春天的宴集中的第一席（其实一年四季，宴席何时停过）。我钦佩的白族大厨李家琪先生说，过去办宴席一般集中在旧历的十、冬、腊三月，"因为冬季各种食材都已经归家了"。嗯，他把"收获"，说成"归家"。

夏末初秋，办一席家宴，最好的食材是林中摘回的蘑菇。在夏季积雨云与暴雨、烈日的轮番催化下，山林里悄悄生发着蘑菇，每次牵狗上山，它们细嗅山林经过的地方，仿佛能描绘出腐烂松针底下野生菌类的存在图谱。

大清早，云朵软软的，山脉烟润，农民穿过薄雾进山，悉数搜寻采摘蘑菇下来，很多个骤雨初歇的早上，每当看见延绵的山脊和晴空下的烈日，就会不由自主说：下午可以去集市看看，有没有好的蘑菇。

九月的一天，凤仪敬天村制陶的工匠董建华小师傅一家，听说我们明早会去拜访，小董的妈妈大清早就上山拣菌子，为我们预备饭菜了。

中午十二点左右，董姐从屋后的林地，拣回两三斤左右的菌子，用松针仔细地裹住保鲜。这时候，村里的小伙伴兴致突发地打来邀约午餐的电话，响个不停。没多久，客人纷至沓来，越聚越多，在我看来，为了准备足够量的午餐菜肴，董姐大概需要把家里能找出来的食材都拿出来炒一遍，来的人越来越多，炒菜的人，手脚也越来越快。是的，就像本雅明说的，集体永远是活动的存在者，集体永远醒着。

客人们聚在院里谈天说地，有性急的，已经进进出出厨房好几趟，而董姐烹饪时候的气场，仍是不紧不慢、无声无息，一会儿工夫，三五人帮忙上菜，跑了好几趟，变戏法一样地盛上十几人份的满满一桌菜肴。董姐炒的菌子，尤其鲜美爽脆，吃过之后，还特意留了最饱满的七八朵，让我们带回家享用。这也是白族家宴的一种礼节，主人总是会留下几样小食物，让客人带回去，有吃有送，才算尽心尽意。

这个不期而遇的乡村家宴场景，令人恍然，它应停留在我们记忆很远的地方：不断地有客到来，热闹而即兴，主妇总是不动声色地默默劳作，尽力款待，又毫不张扬。我想，应该为真正好的厨艺加上一个衡量标准，制作者要有举重若轻的气质，平和、含蓄地完成，其慷慨与盛情，蕴藉、谦逊，让享用者没有负担地接受。

究竟，你只是一个按部就班的"煮饭婆"，还是带着对美好饭食的期待，耐心烹制，两种心情，所灌注于食物的滋味，千差万别。

自带乳酸菌的柿子

熟透的豆角

炭烤火腿

柴火香，世俗人生的滋味

我们在家里做宴招待朋友这天，我的忘年交海燕饭店的杨时芳奶奶，特意准备了一小筐蘑菇——见手青。雨淅淅沥沥下着，奶奶和两个女儿、孙女拎着为我们准备的蘑菇、泥鳅和煮泥鳅特制的黑陶砂锅，远道而来。

雨季的尾巴，菌子越来越少见了，选菌子是行内活儿，选不对吃了会中毒。蘑菇是具备童话感的食物啊，吃蘑菇是需要仪式感的，所以我默默定下了，吃菌子要跟着年长的人才吃

芸豆火腿汤

腐乳配米饼

炸乳扇

砂锅泥鳅

的原则。

杨时芳奶奶是洱海中央一个小岛小普陀海印村人，从小跟着父亲出海打鱼、捞虾。我们做宴的那个清晨，奶奶带我们去菜市场采买食材，途中，路过海边，随手一划，坚定地划出以前的洱海更大的范围。在我们经过的地方，一位老人坐在田边，望向苍山，悠悠抽着一杆旱烟，一团焦香笼罩着，仿佛足以令星球缩小至他身边的小小范围。

靠山吃山靠海吃海，奶奶从小做和吃的食物，湖里的水产比较多。小的时候，喜欢跟着父亲到外面帮厨，洗菜、烧火，喜爱厨事，热心向民间大厨讨教做菜的方法，慢慢地，成了村里做菜的一把好手，公社上有接待，就会听见公社广播喊她的名字，让她去公社烧火做饭搞接待。

白族农村，传统的宴席，极为讲究的，需备齐"五钻四盘三滴水"几种食器所盛的佳肴，一般的也需做足"八大碗"，包括酥、蒸、肘、扣四道硬菜，和木耳豆腐盖蛋卷、炖笋盖叉烧、炖芸豆盖小红肉、串菜盖小猪肠四味余荤，再加上干炸的香菜和凉拌菜佐酒。

奶奶教我做芸豆火腿炖猪蹄汤，用陈年火腿、大白豆和乡间可能"拖拉机都没见过的猪的肉"。那天，起个大早，生起炭火炉子，烧火炉是好玩的事，从无到有，一点点添加柴火，火焰带着仪式的感觉，在延伸的寂静里，焚烧和重生，炭火的香，洋溢在秋草和林木的气息中，这种层次分明的气味，带着村舍生活的烟火意味，静美又炽烈。

用炭火慢慢炙烤洗净的火腿，烤到焦黄喷香，再用淘米水泡软，等到肉皮上油光细润的时候，放入芸豆和一两颗滋养肠胃的草果提味，再加入山泉水，先用大火煮十五分钟左右，再

烤米饼

卤汁豆干

用文火慢熬四到五个小时。盛汤的时候,一把细葱花被奶奶撒得像拂尘,一钵芸豆火腿猪蹄汤,汤汁杏黄,火腿切丁后颗粒匀净的柔粉和饱满的芸豆的白,再加上薄薄一层葱花点缀的翠,鲜美玲珑。

炖汤的这几个小时,火炉里,炭火的烈焰已经敛藏起来,稳定、缓慢地发挥着热度,此时,在炭火上架一个铁丝网,便可以一个一个翻烤用大米做成的饵块,不知不觉间,屋里洋溢着蓬松醇厚的米香,混合着炭火的香,正是午后,抹上去年冬天腌制贮藏的腌豆腐,过晌午,就茶喝。

此时,该准备炸乳扇和凉米线两样佐酒的菜了。乳扇,是白族人的传统手工食品,用牛奶中饱和度最高的乳脂凝结而成。炸乳扇,重点是植物和动物油脂混合使用,才能炸得蓬松、酥脆。先把乳扇切成三厘米宽度的块状,把筷子

放到油锅里,稍微测试油温,大致到 160 摄氏度,油锅中的筷子周围沸腾起密集的泡泡,就可以开始炸了,一块一块炸,需要耐心的工夫活儿,浸在热油里的乳扇,在最初的几秒蓬松、卷曲,此时,用筷子夹住一端,轻而快地裹成圆形。

凉米线,得选偏软、可以直接食用的米线,必备的小菜、佐料和步骤包括:韭菜白色的根部、豆芽菜、青菜心(冬天用冲菜)过涨水焯一遍,胡萝卜切丝,米线盛盘,再把上述小菜分类放于米线表面,调拌制成的湿料。用的是好朋友探险家闪米特推荐的一个广东小厂生产的酱油(他在海上探险,食物简单,经常佐酱油吃海里的生鲜,对酱油口味的要求极高,尝试过很多品种了),加入青柠檬汁液、一小口陈醋、橄榄油、亚麻籽油、辣椒油,混合在一起,调到滋味适中,倒入米线盘,最后放上最为重要的调味菜——鸡枞油。

紫苏

对我来说，每年秋天炸鸡枞油和冬天做腌豆腐，是一年中的厨事活动所带来的味觉快感的两个高峰。火把节（一个白族传统节日，通常在八月中旬）前后半个月，雨水与气温俱增，是鸡枞最好的收获期，特意买漾濞产的灰鸡枞，香气别有风味，小而紧实的灰色骨朵非常鲜嫩，适合清炒。炸鸡枞油，则需要少量骨朵和大量长开的小伞状的成熟鸡枞，骨朵的脆劲与伞花的绵柔相配，最有嚼头。

火候控制得比较好的时候，通常五斤鲜鸡枞能出一斤鸡枞油。一大盆鸡枞洗净细泥，需要极大耐心，很多人在这一步骤就放弃了，但经过这一步，会更具体地爱惜它，常常炸出来后，不舍得吃，吃也只吃一点点，这种艰辛劳作之后，产生的爱惜，是世间苦乐与悖谬的小小的反映。

深夜的面包香，如星空下的奇妙音图

大概每个热爱家宴的主妇，都是从追求宴席的"光盘率"开始一天的工作的，所以食物的搭配、菜单的设定需要辗转考虑很久。卤牛肉、手工面包、蔬菜沙拉几道菜，是我的保留菜品，味噌汤则是跟日本主妇辽太郎的妻子阿雅新学的。

回大理生活后，住在乡下，每天早餐的面包成为我们最操心的事，一度我怀疑自己得了"面包饥渴症"，我先生也是，去欧洲旅行，不舍昼夜地穿行在各种小巷，寻找本地人追捧的面包店，他的理想是，成为小镇居民最喜爱的面包师——得自己亲力亲为扛面粉也做的那种。尤其憧憬这种画面：有一间面包店，每当门口排起长队，面包师才扛着面粉回来，扑通放下面袋的时候，还需要点一支烟，才开始做。

但真正自己做面包以后，才知道好的面包，

野生蘑菇油

奶浆菌

松花蛋

炒洋芋

哪是站一站排排队就能等来的。制作一个好面包，至少需要耗时七八个小时，贯穿整个白日，面包的韧劲，全在揉的工夫里，揉面的力气与角度，是面包师与面团的耐心对话的过程。印象中，电影里的面包师，大多固执沉默、苦心孤诣，童书里，也有超能面包师哈布丁烤出会叫"妈妈"的面包的故事，每个面包师都幻想"驯服"手中的面团，让这个小世界，在能量的奇妙运转中，更加丰富、优美，富有魔力。我能理解为什么书里常说，欧洲小镇上的选举，总有面包师、医生这类从事与人类的日常生活息息相关的行业的人当选。味蕾的感觉简单、直接，可贵的是制作者的心意，对日常生活品质和秩序的维护，是可以历练一个人的良知和品行的。

面包的用料，是高筋面粉，加上橄榄油，是否添加紫苏、迷迭香或罗勒这类香料，则视季节而定，什么成熟了就用什么，迷迭香是一年四季都有的，我们在小院里，种植香料，小狗和猫最知道什么季节应该靠近什么植物，植物

神秘的芳香，让它们格外安静。

通常，做一次面包，够吃两天，每一周，有三天时间要做面包，发酵时的有益菌，在房间里不停变化和挥发，优化房间的空气成分，对健康有极大的好处。

做面包的这天，我们会等在烤箱前，晚上九十点钟，新鲜的面包出炉，满屋喷香，沾着橄榄油食用，此时，远处崇圣寺的晚课行诵和钟磬声，小虫、飞鸟和松鼠细细碎碎经过的声音，叶子掉落，夜风浩荡，是一幅很美的音图。

制作卤牛肉，也适合在晚间，经常一边做面包，一边做卤味，第二天用卤味就着面包吃。按照李家琪先生的指引，我们买到洱源县山区用牛奶、草和粮食喂养的黄牛肉，制作卤肉之前，需要"断生"，即用热水过一遍，以断除生肉的腥味，"断生"用的滚水，滋味与下一步腌制牛肉时的滋味一致，放同等量的诺邓井盐、花椒和老姜，煮三五分钟，放入钵中腌半小时到一小时，然后，在菜籽油中，放入草果和少许的糖，

翻炒到焦黄，放入腌制好的牛肉，倒入烧开的泉水，用小火炖煮，两三小时后，面包也烤熟了，便可以关火，静置一夜，充分地浸泡入味。有时，会煮上六七只白水煮蛋，剥皮后，和牛肉一同浸在卤汁里，明日清晨，又是一道风味醇厚的早餐小食。

我最爱的，是蔬菜沙拉搭配面包。主要食材包括苦菊、芦笋、牛油果、土豆、鸡蛋、小西红柿和藜麦，加入橄榄油、鸡枞油、亚麻籽油，用酱油和黄柠檬汁调和芥末和小米辣，清渍几分钟，即可上桌。以上几种食材，口感或绵密或柔韧或清脆，混合在一起，细细品尝，总会有与不同口感和滋味的食物不期而遇的惊喜，层次极为丰富。

我心目中的家宴，应该是有了应季的好食材，又有话题投契的朋友，不必费力地应酬邀约，仅仅是说：来我家吃饭吧。她说好。也许正是这种相聚的快乐，让我想：嗯，应该会做一些朋友们在别处吃不到的口味。这种吃着好吃的食物，谈天说地的感觉，沉默、转折和应和常常闪现超脱的妙趣，是的，有得聊，才是更可贵的关系。

家宴的妙趣，其中一个，应该是众人七手八脚帮厨的热闹，择菜的、蒸煮的、烤炙的，杯盘碗盏，错落有声，却不必人人勤力参与，有好久不见的人，借着饭食终于见到，在角落里絮絮清谈，仿佛一种曲调，在忙杂的厨事里起伏。辽太郎说"对主人做的事情信任，是客人的责任"，参加宴席，连心意与思想原则都准备好的，是庄重而可爱的客人。

大理这个地方，虽然小，却充满了各式各样的人和事的际会，往来之间，相聚和别离，

杨时芳奶奶和苏娅

无止无休，所以，遇到谈得来的朋友，总有一些要好好珍惜缘分和时间，热烈相聚的感觉。在大理，经朋友介绍，我与过去做记者时候的同事祁十一相识了，真是奇妙，过去很长时间共事时，我们只是报纸上相熟的两个名字。她搬到大理定居后，我们交往多起来，时常相聚，谈论文学和美食，好不快哉。

祁十一喜好游历，经由众多山川和寺院，跟随她的讲述，我仿佛也见过了苍山上许许多多不曾踏足的溪流、山涧和瀑布。她说吃食、做食物的人，格外吸引我，讲起自己曾经在苍山圣应峰南麓的波罗寺小住，寺庙在山崖畔，放眼望去便是幽森林木，景致与气韵都很美，庙里的饭食极为简单，四五个住庙的修行人与香客共同打理一日三餐，用柴火烧制，虽然食材简单，但在清幽时日间，大家一起慢慢烹制的饭菜，和着柴火的香味，清淡、本真，让人回味悠长。

一天，她突然问我，写作和烹饪哪个带给自己的满足感更强烈？我想都没想，就知——当然是写作。对于烹饪，我是有把握的，对写作却没有把握，所以一旦写出好文章，满足感无所能及。但仔细想想，对于写作这件事，即便是天赋极高的人，也很难说自己有十分把握吧，而对做饭这件事，一定不会有哪个厨师会说：自己抱着失败的感觉，去做一餐饭食。写作者，却常常是带着未知，进入经验与心识的茫茫之中，大概这就是这类事情存在的意义吧——玄妙而有力的生活。

（本文写作感谢注册资深中国烹饪师李家琪先生、民间厨艺师杨时芳女士及其女儿。）

姜米粒

美食作家,代表作《穿越电影的美味人生》。电影爱好者,热爱复
刻电影中的美食给家人和朋友享用:《六楼的女人》中的西班牙
海鲜饭、《阿黛尔的生活》中的皮塔三明治、《游泳池》的蟹籽咖喱
饭、《南极料理人》里的排骨拉面、《廊桥遗梦》里的蔬菜烩菜、《BJ
单身日记》里面包布丁……这些电影里的美食都被她一一复刻在
现实生活中。

电影上菜

图 文 _姜米粒

女儿似乎知道我的厨艺很搞怪——名堂很多，结果难测。和爸爸通话时常是这样的，晚饭吃什么呀？爸爸说，阿米在鼓捣呢，今天好像又是吃"道具"。阿米是我，"道具"是指我做的电影里的菜式——电影菜。看了有美食出现的电影，我喜欢把其中的菜式复制出来，即所谓的电影美食。我约略地知道，那些拍电影用的菜很多是不能吃的，但是有的电影菜式设计师坚持即使是拍电影的菜也要美味，这是我喜欢的一种做事方式。

一桌菜的姿势

逢年过节的家宴即使再不在乎仪式也要郑重起来，做一桌子六个菜打底的家宴对于我来说是艰巨的，所以不求新求奇，主要以在一天之内能够完成并且不把自己累翻为原则，同时考虑蛋白质、脂肪、维生素、纤维素的含量，肉、鱼、蔬菜类的搭配等，还要考虑到做完了这些菜还能使自己在吃饭的时候有力气聊天说话。

一个在全家人坐齐时才打开锅盖并常常会引起惊呼的菜来自法国一个小众电影《六楼的女人》——西班牙海鲜饭。电影说的是一对法国夫妇和雇佣的西班牙女佣之间的各种梗。其中男主人去参加女佣的聚会，大家吃的就是西班牙海鲜饭，也叫巴伊亚。我原来以为西班牙海鲜饭的黄色来自姜黄或者甜椒粉，后来知道

正在进行中的西班牙海鲜饭

是因为用了藏红花，用浸泡藏红花的水浸泡大米，有人直接把藏红花和大米混合浸泡，如果不大在乎做好以后藏红花的碎碎黏也是可以的，做菜本无必须这样或者那样。我先用电饭煲的量杯量出米和水，这样在下一步加水的时候就不会为加多少水而迷茫了，我觉得即使很小的Bug也会影响做菜心情，而迷茫是其中最大的Bug。

把藏红花和米泡上以后，去给海虾开背去虾线，同时剪去虾须和虾脚，把鱿鱼收拾干净后切成粗条或小块，如果不愿意收拾直接把鱿鱼的头脚剪掉只留下鱿鱼身体。做菜的流程也很重要，上升到理论可以归到运筹学和定置管理学当中，所以尽量提前把流程想好。整个做

菜的过程也不是1、2、3步骤可以互相置换的。

因为在北方很难买到种类繁多的海鲜，所以我把所有冻海鲜化开、洗净、加胡椒和盐略腌。所有海鲜用平底锅煎，烹进葡萄酒，一是有葡萄酒的香气，二是可以给海鲜去腥，等酒气挥发加盐和黑胡椒，关火放一边。

另外把一只西班牙海鲜锅放在炉子上，开中大火，海鲜锅内放一点橄榄油，把洋葱碎、蒜碎炒香，加甜椒粉，下去皮碎番茄块、甜椒块和芹菜段，炒至番茄出汁、甜椒略软。下浸泡好的大米继续翻炒，然后倒入水，转中火煮至水开，焖5分钟，不要翻动、不要开盖。然后打开锅盖，此时米已经把水分吸进去了，看不到米和水分离的状态，将所有煎好、处理好

的海鲜均匀地铺在饭上并按压半埋进饭中。盖上锅盖，小火四五分钟关火，一定不要开盖，用海鲜锅的余热继续焖10至15分钟。全家坐好动筷时开盖，香气随着热气蒸腾而出，听到掌声和赞叹，这个效果才是刚才一切忙碌的回应呢。吃的时候把柠檬汁挤入饭中，会有清新的气味。在西班牙吃到的海鲜饭是敞开盖子的，也是海鲜锅直接端上桌的，锅里面摆对切又对切的柠檬。有朋友在美国发回来的西班牙海鲜饭图片沿着锅边摆的对切又对切的西红柿。

第二个出场的应该是鱼类，我的体力在第一个菜时消耗一半，这个鱼我会提前一天做好，多半是煎带鱼。带鱼收拾干净切三寸长的段，盐、胡椒稍微腌制，平底锅加油烧热，两面煎黄拿出，放在冰箱里冷藏，第二天拿出来放置到室温。正式做的时候，热锅起油，入姜片、葱段待香味出来把鱼段放入，加生抽、老抽、料酒、醋、糖、盐，稍微焖一下，就是红烧带鱼，哈尔滨人很喜欢吃的一种傻香且少刺的鱼。这样就算快手了，也显得我厨艺高强、身手敏捷。

主菜之外会有东北拉皮凉菜，土豆粉做成的粉皮超市里有卖现成的，凉水过一下铺在盘子底，黄瓜丝、胡萝卜、干豆腐、白菜芯、香菜等切丝切段，依次码好，加糖、醋、盐、蒜碎、麻酱汁、辣椒油、麻油等，各家都有自己的凉拌秘方。像"倒金字塔"式的新闻稿一样，从后面往前删除若干内容直至标题还是一条完整的消息，这个菜也可以删除其中的某某项，但最后无论如何少不了拉皮、黄瓜丝、盐、醋、糖，这是东北拉皮凉菜的"标题和导语"，好在现在的网络标题流行多字的，所以东北拉皮也要有尽量多的元素。

虽然在过节的家宴菜上我都会中规中矩，但也难免调皮，一次，把胡萝卜刮成薄片，撒点盐，再加橙汁、橙肉、橄榄油拌一起。嗯，告诉女儿，这个是"二次元幻爽嘎巴嘎巴鲜"哦，从日本动画片《美食的俘虏》里学的。女儿居然喜欢，说不错，回学校和同学显摆，我妈阿米会做动画片里的菜。她的同学强烈要求到家里做客，要求阿米做《悬崖上的金鱼姬》里波妞爱吃的火腿拉面、《哈尔的移动城堡》里用精灵火煎的鸡蛋和加菲猫喜欢吃的猪肉馅饼。女儿再回学校时给她做了一盒加菲猫馅饼。早晨先听到小姑娘给室友打电话，让女孩们等着。待她到寝室后用手机给我直播5个女孩的齐声呐喊，"馅饼！好吃！加菲猫！爱吃！"声音颇震撼。美食的确是打动所有人的利器。

主菜完成了，其余搭配时令蔬菜，尽量减少操作步骤的炒油菜、炒茼蒿、鸡刨豆腐（豆腐炒鸡蛋）等。一桌子红红绿绿的菜式也就够了。如果人多，定是奔向饭店的。吃饭聊天的内容当然要有对厨师的点赞，如果听不到点赞的声音也会去菜盘上找证据，如果菜盘见底，我便会有庖丁解牛后"为之四顾，踌躇满志"的得意样子。

一个电影菜的诞生

周末会整天看电影。千挑万选之后定格影片中出现的菜式进行分析，上网查找该菜的制作方法，制定菜谱及操作流程，购买食材到烹饪，每一步都充满了斟酌、猜想和想象，因为做的菜基本都是陌生的，所以要边做边想，有时还

椰汁鸡肉饭，可以加一点炒的青红椒搭配

要上网看看菜谱、视频或者回放一下电影，一个菜做下来进程缓慢。

做菜的时候会拍照，所以，家人常常要等我拍完照片以后才能吃到被他们怀疑了很久的菜，试吃的时候充满了探索和疑虑，有的菜做的口味还是不错的，有的就不行了，像电影《我是爱》中的俄罗斯清鱼汤，我做的就很一般般，各种鱼放入汤中煮，把鱼捞出，留着汤，我做的那个鱼汤腥味重。经常的情况是大家围着新菜都犹犹豫豫的，不肯第一个吃，我便挨个儿劝，"我已经吃过了，还好还好"。但他们对我"还好还好"总是持怀疑态度，对于陌生的食物大家都是带着冒险的精神去吃的，感谢家人，吃了我做的那么多莫名其妙的东西。

电影美食做多了，也会有几样变成家常菜，再说在哈尔滨这个城市有把一切外来菜变成家常菜的能力，上海很小的西餐馆也很"西"饭，大连、沈阳小小的寿司店也很"米西"，在哈尔滨即使是韩餐馆也不会是原味的"杠杠斯戴尔"，准有那么一点东北味，更不要说一家路口的"家常西餐"了，里面的俄式西餐像朱自清说的，大份、量足，但是不会比中餐便宜倒是

真的。所以我也会把西班牙海鲜饭变成我的家常菜。西班牙海鲜饭做起来复杂了一些，如果平时吃可以省略其他菜。一家三口的聚会，再加一个蔬菜沙拉也可以成为一顿不错的家宴。

还有一个饭菜混的菜也是常常做的——意大利面。我最常做的是番茄意面，因为好操作、食材少且好处理。很多人说意面难煮，或者不像中国面条容易煮熟，经过几年的实践，我的方法省事省时，凉水时把意面下锅，水开时意面基本就熟了，因为意面是硬质小麦粉做的，凉水下锅也不会黏在一起，稍微搅开就行。煮意面的时候把大番茄用开水烫一下去皮切碎，蒜、洋葱切碎，这时意面就差不多快好了，平底锅加热加橄榄油，如果喜欢可以加小块黄油融化，黄油融化时加蒜碎、洋葱碎炒香，加切碎的番茄炒软，可以把意面捞出直接放入平底锅，或者意面过一下凉捞出放入平底锅翻炒，出锅的时候加各自喜欢口味的起司。

今年在花盆里种了迷迭香，做好了意面，我喜欢剪一小节迷迭香，把叶子剪成细末撒在意面的表面，迷迭香是一种非常提味的香料，细碎的绿色撒在红黄的意面上也很好看。有一年

马萨拉蔬菜和米饭搭配

我种了胡椒薄荷和香薄荷，放两片薄荷叶子在意面上也不错，还可以放香菜。所有的食物都是入乡随俗的，意面在我们家餐桌上就变成这样了。意面在炒软番茄的节点时可以加提前滑炒的鸡蛋，就是西红柿鸡蛋意面，和蛋炒饭有些类似，口味当然是不同的。也可以在炒西红柿的阶段加入羊肉片，羊肉片可以是超市里买的涮羊肉的羊肉片，片薄好熟，那就是羊肉意面。当然可以做海虾意面，那是我做得比较少的，毕竟北方的海鲜不容易得到新鲜的。

意大利面＋蔬菜沙拉＋红酒，可以吃得很嗨。好多电影里都看得见意面诱人的身姿，饭岛奈美设计菜式的电影里被叫做那不勒斯意面，像《碧海蓝天》《美食、祈祷和恋爱》《教父》《阿黛尔的生活》等电影里都会看到意面的影子，更不要说《美味情缘》这种以意面为线索的电影了。

看电影跑题的观众

因为做电影菜，看电影常常溜号，常常忘记了电影故事本身，而注意到别人不大注意的细节。比如《托斯卡纳艳阳下》里面梅装修好的厨房、《史密斯夫妇》里的现代化厨房里各个抽屉里放的餐具……从看电影指向做菜这个程序还是被家人接受的，但会有其他程序被牵出来。我还会注意到这些菜是用什么厨具做出来的，比如在《朱莉与茱莉亚》的电影里，梅丽尔·斯特里普演的茱莉亚在厨房里做菜，我注意到她身后的墙架上有一支长条形的铜锅，我纳闷地问和我一起看片的闺女，长条形锅是做啥的捏？闺女抱一下我的肩膀，语重心长地说，好奇害死妈呀！

前几年的4月，本来去日本是看樱花的，在饭店旁边一个普通的杂货铺里看到了那个橘红火焰色的珐琅铸铁锅，我像薛蟠看见了柳湘莲，真是喜得一惊。同时发现的还有一个可以把肉排烤出网格花纹的烤盘，遂立即买下。后来在一个忘了名字的电影里看到的炉灶有一排直线的灶眼，我想那个灶眼应该是配合这个长条形锅的，做什么？猜测应该是鱼类吧。赏樱之路带着两只珐琅铸铁锅辗转，用过这锅的人知道那有多重，樱花飘落的粉嫩轻盈和铸铁锅的沉重构成了逆反式的欢乐。回家后用长条锅做了一次鱼，用网格烤盘烤了两次牛排，不过尔耳，遂束之高阁当摆设了。

某珐琅铸铁锅真的有一款锅的名字就叫西班牙海鲜饭锅。为那个价格犹豫了好久，为了上面说到的西班牙海鲜饭终于还是买了下来。有人问用这个锅有什么好，其实也没什么特别的，和黑铸铁的盘子样的平底铁锅做出的海鲜饭相比，我的舌头和鼻子的确没有细致到能够分辨出差别的程度，非要给出一个说法，我只能说好玩儿吧。这个海鲜饭锅倒是经常使用，比长条鱼锅和网纹烤盘使用率高些。

从第一把双立人水果刀到今天已攒了四十多件双立人刀具，我不定义自己是工具控，但是我喜欢专款专用，选择双立人刀具也不仅仅因为它和我的星座相配，有的时候看着那一盒子刀具，我想，就一个更倾向于素食的人来说这么多的刀具是不是有点反讽呢？忘了哪个电视剧里的厨师用刀具是 WUSTHOF 三叉的，一个一米多长长方形布袋里插满了各种形状的厨刀。我想，我也不能跟着换牌子呀，后来去德国的时候买一个三叉磨刀器，算是对那个刀具袋惦记的抚慰。

上班与下班的双面生活

我在一家大型机械制造企业做宣传工作，主要工作是写生产经营、科技进步、党群消息……有人甚至会带着同情来想象我每天走进工厂大门后的情形，某种意义上我也同意把我和这个企业绑定为楚门和楚门的世界，或者《肖申克的救赎》式的隐喻也未必不可。工厂里有四千多人，近四千台套各种设备，对于那些大到能加工几百吨一件的零件、小到焊接一根发丝粗细的连接线的机器，我能看到它们静止时有如处子的美感，开动时的智慧、流畅和有趣，不论这个企业是兴盛还是低衰，写他们和它们我更觉得自在。

我一直生活在哈尔滨，在这个人人都可以随时"离开"的时代也不大常见，除了工作以外，平常日子不过是看书、看电影、偶尔旅行、生病……做电影菜也算在庸常的生活中给自己找点小乐趣。因为迷恋而"上瘾"，这种状态使我对电影美食产生了持续性的好奇，生活有点更行更远还香的意味。做了电影菜难免嘚瑟，写成文字，给杂志做电影美食专栏，也有少量约我写美食的，其实不论做菜还是吃菜我都不雄壮威武。我的好友龙爷在杂志做编辑时约我写稿，介绍我时是这样写的："姜米粒是个有正常工作的人，写作只是她的业余爱好……""正常工作"界定得很精准，做菜也是平常主妇的正常家务，写作的确只是业余爱好，像别人喜欢游泳、打麻将、跳广场舞、钓鱼、吸猫一样。

上班是公司员工，下班看电影、做菜、写稿，生活有了某种姿态和层次感，从一个层面转向另一个层面或者多个层面的时候，我也没有转换的困难，我把工作和个人写作掰得很开。写产品进展、电站发电、劳模在线和写宫崎骏的小吃小喝、爱丽舍宫的女大厨，跟着《霍乱时期的爱情》中的费尔米娜去菜市场都很自在，不觉得违和或者割裂。

文中提到的电影 List

《六楼的女人》（2010）

导演：菲利普·李·古伊
编剧：菲利普·李·古伊
主演：法布莱斯·鲁奇尼 / 桑德琳娜·基贝兰 / 娜塔丽娅·沃拜克 / 卡门 / 毛拉 / 洛拉·杜埃尼亚斯
类型：剧情 / 喜剧
片长：104 分钟

《悬崖上的金鱼姬》（2008）

导演：宫崎骏
编剧：宫崎骏
主演：奈良柚莉爱 / 山口智子 / 长岛一茂 / 天海祐希 / 柊瑠美
类型：动画 / 奇幻 / 冒险
片长：101 分钟

《哈尔的移动城堡》（2004）

导演：宫崎骏
编剧：宫崎骏 / 吉田玲子
主演：倍赏千惠子 / 木村拓哉 / 美轮明宏 / 我修院达也 / 神木隆之介
类型：爱情 / 动画 / 奇幻 / 冒险
片长：119 分钟

《我是爱》（2009）

导演：卢卡·瓜达尼诺
编剧：Barbara Alberti / 伊万·科特罗尼奥 / Walter Fasano / 卢卡·瓜达尼诺
主演：蒂尔达·斯文顿 / 马里莎·贝伦森 / 阿尔巴·罗尔瓦凯尔 / 弗拉维奥·帕伦蒂
类型：剧情
片长：120 分钟

《碧海蓝天》（1988）

导演：吕克·贝松
编剧：吕克·贝松 / Robert Garland / Marilyn Goldin / 雅克·梅欧 / Marc Perrier
主演：让-马克·巴尔 / 让·雷诺 / 罗姗娜·阿奎特 / 保罗·希纳尔 / 赛尔乔·卡斯特利托
类型：剧情 / 爱情
片长：132 分钟（法国）/ 168 分钟（导演剪辑版）

《美食、祈祷和恋爱》（2010）

导演：瑞恩·墨菲
编剧：瑞恩·墨菲 / 詹妮弗·缪特
主演：朱莉娅·罗伯茨 / 哈维尔·巴登 / 詹姆斯·弗兰科 / 比利·克鲁德普 / 理查德·詹金斯 / 更多 ...
类型：剧情 / 爱情
片长：140 分钟

《教父 》（1972）

导演：弗朗西斯·福特·科波拉
编剧：马里奥·普佐 / 弗朗西斯·福特·科波拉
主演：马龙·白兰度 / 阿尔·帕西诺 / 詹姆斯·肯恩 / 理查德·卡斯特尔诺 / 罗伯特·杜瓦尔 / 更多 ...
类型：剧情 / 犯罪
片长：175 分钟

《阿黛尔的生活》（2013）

导演：阿布戴·柯西胥
编剧：阿布戴·柯西胥 / 茱莉·马罗 / 加利亚·拉克鲁瓦
主演：阿黛尔·艾克萨勒霍布洛斯 / 蕾雅·赛杜 / 沙利姆·克齐欧彻 / 热雷米·拉厄尔特 / 卡特琳·萨雷 / 更多 ...
类型：剧情 / 爱情 / 同性
片长：179 分钟

《美味情缘》（2007）

导演：斯科特·希克斯
编剧：卡萝·富克斯 / 桑德拉·内特尔贝克
主演：凯瑟琳·泽塔-琼斯 / 艾伦·艾克哈特 / 阿比盖尔·布蕾斯琳 / 派翠西娅·克拉克森 / 珍妮·瓦德
类型：剧情 / 喜剧 / 爱情
片长：104 分钟

《朱莉与茱莉娅》（2009）

导演：诺拉·艾芙隆
编剧：诺拉·艾芙隆
主演：梅丽尔·斯特里普 / 艾米·亚当斯 / 斯坦利·图齐 / 克里斯·梅西纳 / 琳达·伊蒙 / 更多 ...
类型：剧情 / 传记
片长：123 分钟

《霍乱时期的爱情》（2007）

导演：迈克·内威尔
编剧：罗纳德·哈伍德 / 加夫列尔·加西亚·马尔克斯
主演：哈维尔·巴登 / 乔凡娜·梅索兹殴诺 / 列维·施瑞博尔 / 约翰·雷吉扎莫 / 本杰明·布拉特 / 更多 ...
类型：剧情 / 爱情
片长：139 分钟

认真生活的
家庭主妇。

晓玲

家宴是一种
精神空间的
试验场

文_ 木小偶
图_ 倪良

"这是我今年第五次做松茸宴,煎的、烤的、松茸饭、松茸鸡汤……全做一遍,挨个试试!"晓玲自言自语。为了这次松茸宴,她只邀请几位密友,席间除了一位日本友人,都算工作人员,连摄影师都是宾客,拍完照后,都只想做一名普通的吃客,享受下纯粹的味觉,大家都为了来见识下久闻其名的"松茸家宴"。宴会主人陈晓玲,是一名家庭主妇。

晓玲是我的饭友,吃货群里的活跃分子。最早认识她,是因为在一家日本创作料理店和林谷芳先生谈工作,她忽然小声说,这家的清酒鹅肝,真是极好。于是本来工作搁浅,吃性大发。再约一次见面,我们接连吃了三家,下午茶点心到意大利菜,最后成都新派火锅,这种饮食三连拍的吃法,我头回遇见。捐躯赴席宴,视死忽如归。这样一吃二吃,我们成为无话不谈的吃友。

有时,你打算靠女人的心近一点,最好先离她的胃近一点儿。

云南距北京 3100 公里,松茸从被摘下那一刻,到进入食客嘴里,多耽搁一分钟,则少一分鲜。晓玲看了下表,这批松茸在路上已经走了 20 小时。现在的云南正值雨季,每天清晨,当地采集人上山,

清酒 纯米大吟酿   松茸火腿

日光稀薄朦胧，露水滚动在绿叶上，迅速采摘，这些松茸带着泥土气，裹上保鲜的纸衣，被快递十万火急递送北京，直到快递盒子还有一股湿气被交到陈晓玲手中，她期盼的心才就此放下，这像一个女人的某种神秘的仪式——焦灼、好奇、新鲜、喜悦，这是一个女人的家宴需要的情绪特质。

　　松茸是季节性美食，每年云南雨季时，松茸才会生发出来。每年这个时候晓玲都会拜托当地的朋友上山寻找最新鲜的松茸来吃，这才有了今年五次的松茸家宴。作为"不时不食"的推崇和爱好者，晓玲有个厚厚的笔记本记录着哪个时间什么东西最美，还有繁多的提供商和他们之间的差别。譬如春天的笋，夏中的西红柿和夏末的茄子最好吃，秋初吃松茸，冬天吃柿子。在任何季节的食材去超市就能买到的当今，这些季节性食物是大自然的馈赠。对于

远离大自然在城市生活、认真吃喝的"晓玲们"，实实在在地用这种方式找到了生命和大自然的连接。

　　新鲜的松茸从箱子里拿出来，像一个襁褓中的婴儿，慢慢拨开覆裹的泥土和用丝瓜瓤做的垫子，一点一点清除掉残留的泥土，慢慢地、轻柔地对待它，然后用清水轻轻擦拭，不小心擦拭会有残留的泥土气息干扰，过度小心则会破坏松茸的鲜，这个尺度，拿捏起来并不容易。

　　切松茸最好用陶瓷刀，尽量不干扰松茸的味道。

　　提前预定云南大理的两年陈火腿，半开散盖的松茸，走地老母鸡，四小时炖出一份鲜汤出来，母鸡则弃之不用，只捡汤水来喝。

　　松茸饭，用了泡发的干松茸，一半的鲜松茸，均匀的切出颗粒，和了两年陈的火腿，少许冷水入锅。将熟之际，扔进剥好的青豆米，活色

生香。

　　陈晓玲摘着冰菜、松针，这些都是配松茸的辅菜，拼盘起来，带有画面的美感。松针对松茸，譬如云海对红日，这像是菜品的对仗，有一种构图的美感。

　　入席。桌上铺着日本带回的绘和纸，白底红花，以四季花的不同主题配不同色泽的器皿。据说在日本，会根据时令和客人的状态，选择不同和纸底色。这是初秋，桌花则是从楼下花园采的初开的雏菊。

　　酒是纯米大吟酿，越后杜氏出品。骨碟则是中国的青瓷，与和纸的东瀛山花呼应。筷箸是在日本淘来的大漆品，一层一层据说要漆上三十层。

　　晓玲说，这不算什么，日本的高级料亭根据季节时令，每周更换一次菜单，餐具也是与之呼应，一年仅使用一次。

　　这场家宴耗时三小时，两斤松茸入宴被打扫得干干净净。"这么多松茸一口气吃，简直会让人变成饱死鬼。"席间的日本主妇荣子连说好吃，这在日本是不可能，简直疯了。松茸这种东西在日本京都附近虽然有少量出产，两颗松茸价值一万五日元，吃碗新鲜的松茸汤，薄薄的几片已是异常难得，这种将松茸能做的方式集体亮相出来的饕餮之宴，荣子第一次感觉到中国人的"豪"。

　　但松茸家宴，顾名思义，就是要穷尽松茸的各种烹饪形态，让你一次找到松茸可以调

动味蕾的各种可能性，把一种食材绵延成各种味声色，最后让你一次性把松茸的味道刻在味蕾上。

一连做五次松茸宴，陈晓玲对松茸的认识不断深化，譬如说，每次松茸宴不会买同一种松茸，也不会绝对强调一定要完美不开伞的松茸，半开伞的松茸用以煲汤，尤其浓郁，胜过不开伞的松茸许多。成色上等、完美伞形的松茸大多做

黄油煎来吃，最上等的松茸则用来做新鲜的松茸刺身，鲜甜的滋味配上松枝的清香，各有用处。

旁边的一只狗汪汪走来走去，而一只大狮子猫则害羞地躲在房间内，不时通过窗户偷窥客厅里的陌生客人。这是晓玲的日常，一狗和一猫，她没要孩子，美食与宠物，是她快乐的来源。

这种宴席，每一次都是独

一无二的感受，这才是宴。

宴字底下，是一个女人，日日操劳，只有费劲心思，苦其心志，最后才有短暂的相聚，还有欢乐的一涌而出。

晓玲之前在一家文化基金会工作，十来年，除了日历在变，感觉不到世界在变化。钱只能买到商品，但买不到生活。

就好像钱只能买到晚餐，却买不来家宴。

妈妈从小就告诉她，女人不必学做饭菜。晓玲的母亲是典型中国女子，织毛衣、做饭、绣花无所不能。母亲反而以此为苦，建议女儿除非万不得已，可千万别进厨房，这直接导致晓玲结婚之前什么都不会做，她对厨房充满恐惧。那是一个充满油烟、黑尘、锅碗瓢盆、乒铃乓啷噪声的黑洞，千万不要被吸进去。

但结婚前一个朋友对她说，一个女人哪能不做饭，但一定不要天天做，不要变成你的任务，顺应天性就好。你可以去试试，一次就够。晓玲说，你让我想想。

她知道，中国女人辛苦伺候家庭，等到家人一切安顿时，自己也就老了。中国女人对一切人都好，对父母好，对丈夫好，对儿女好，连对邻居都好，唯一不对自己好。那些密集流水线里相夫教子可以预见的生活，她这辈子都不想遇见。

她试了，改变那个根深蒂固的看法。女人需要一种仪式，让她成为自己，在仪式里获得快乐和愉悦，这些，都真实属于自己。再也没有这样真实的自我，忽然，她找到了自己，在宴席之上。把做饭当成自己的一种仪式，它才真实属于你。

少年是一道涓流。渗透一切你好奇的土壤，只有本能的充沛。

青年是一团云雾。看不到世界全貌，但你用想象去勾勒出世界的轮廓。

中年却是一个无底的洞，你需要找到赋予生活意义的"填充物"，以抵虚无。

有房有车，有猫有狗，富足之后又产生虚无。这近乎成了中国中产阶级一个鲜活的画像。晓玲想到她喜欢的林谷芳老师说过一句话，"中年人需要停顿一下，人到中年是人生的一半，如果有机会最好可以停顿下来回望一下，再看一下前方，做一个人生的调整。不能只看前方向前冲，不计身后和自己，不顾及自己，到老年会很失望，很失落。"

原本的工作刚好是一个节点，正好可以结束，于是这一停就是三年多。陈晓玲从日本煎茶道、料理学习，到和果子制作，只要新奇有趣的，都一律尝试。

晓玲的家像是一种新的试验场，几十种不同材质、不同大小的紫砂壶、上百种不同的碟子，有些来自景德镇名匠之

手，有些来自日本的各种途中所淘，像百货公司的一个个陈列架。为了收集茶器，就顺道学习茶道，从中国茶道，又上了日本的煎茶道，而最初做日本和果子，完全是为了煎茶道需要，北京买不到理想的和果子，只好自己摸索自己做。

为了更加深入日本文化，干脆专门学习八个月的日语。那种四面出击，求知若渴的状态，她曾很惬意和满足，但每一种尝试都觉得像个坑，直到被这个坑埋没，还是找不到自己的感觉。学得越多，越进入一个填不满的坑，她想这个坑就叫做意义吧。不停要填满它，但永远填不满。人被信息洪流埋没，但实际上，你需要的并不多。一个饥饿恐惧的人，就容易饱死。

2007年因为工作的关系第一次见林谷芳老师，林老师的渊博学识、谈吐、艺术等方面都非常通透，晓玲最初想做家宴，也是因为林老师的缘故。老师的学生在北京金融街附近有处小院，没有完全使用的状态，出于信任就交给晓玲来打理，自此这里成立一个文化沙龙场。昆曲的赏析会、书法课、佛法造诣、古琴课、茶道等，

因为这些活动，就催生出每个人来做一次家宴。

她还记得，那个复刻"竹林七贤"主题的盛宴，堂主做一个全素的家宴，用真正的竹子来配搭，席间的朋友和食客把自己装扮成魏晋人的模样，每个参与者都很自在潇洒、无拘无束。没有禁锢的一席家宴，也是向竹林七贤遥遥致敬。

她第一次被这种形式吸引。家宴不是简单的物质宴会，每期堂主都不同，有时候甚至是一碗面的家宴，简单地做一碗面，海鲜面，但非常温暖。一个地方会因为使用者的状态透出不同的味道，因为这些家宴和亲密集中的活动，更像家的氛围。

家宴，只是彼此精神相近的人的一次真面目的相聚。家宴是你自己的一套语言，只是用做饭来表达自己。

"家宴是一种精神空间的试验场"，陈晓玲这句话代表很多家宴爱好者的价值观。陈晓玲平时宴客频率不高，但一到家宴，从达成邀请到实现，会花很多时间，每次的菜单都会提前

一周去考虑。朋友的状况不同，有吃纯素的、也有纯肉食动物。味道如何实现需要去平衡。

从在四合院组织各种家宴到自发做很多次家宴，晓玲脑海中的空中楼阁一步一步接近实现，这是一个理想主义者的探索和实现之路。家宴是晓玲投入感情最多的部分，一次又一次的家宴变得越来越复杂。经验越多，反而会更踌躇于这次我到底该用哪一招？有吃肉的有吃素的有喜欢吃辣的有不喜欢的，每个客人都不同。滴酒不沾或者喝一口小酒，前菜就变得非常重要，每次安排菜单都觉得很好玩，不同的人展现的趣味都各不相同，慢慢累积变成可以一起交流的私宴。

对于晓玲来言，家宴的灵魂就是喜悦。做家宴和普通聚餐吃饭不同，食材也好，不管是谁做的，有温暖的东西在其中，珍惜这一期一会和彼此的心意，主题只是方便朋友汇聚的一种招牌而已，所有家宴最核心的需求，不过是心气相投。

"大部分的中国人把自己的生命看成别人的，像是一棵任意裁剪的树，无论自己裁剪得多难看，始终都是自己的，但不要随意把这个裁剪的权利转让给别人。"陈晓玲对我说，就像她的煎茶道老师总说的那样，茶道的学习进展得非常缓慢，教学的方式不是让你成为它，而是让你成为你。你是活的，像种一棵树，让它自己去长。

万事万物，唯有自由生长，才是唯一重要的事。

晓玲的松茸宴菜单

✷ 松茸酱 ✷

新鲜的松茸熬出松茸油,用菌菇的油浸做拌面来吃。一年都可以感受鲜味。

✷ 松茸刺身 ✷

刺身生吃要求个头上美观、没有开伞的,用松针取代鲜花作配菜,大块的晶莹剔透的冰块,蘸上薄薄一层生抽,入口,还能气定神闲?

✷ 白味噌腌牛排 ✷

新鲜的牛排提前处理,埋在日本白味噌里腌制两天,要吃的时候生煎一下,五成熟刚刚好,不需要添加其他材料。味噌的加入丰富了口感的层次,又淹没在牛排细腻的口感里。摆上松茸和柏树叶。

✷ 酒糟毛豆虾仁 ✷

沪上的做法,提前做好的冷菜。

✷ 生鲈鱼芝麻菜海胆 ✷

鲜物的三体合一,不能说的美妙。

✷ 小鲍鱼沙拉 ✷

山里的松茸,要配海里的鲜味,山海之间,趣味盎然。用日本清酒煮下新鲜的小鲍鱼,小鲍鱼来自相熟的海鲜商家,挑了最新鲜的来,鲜煞旁人。

✷ 烤松茸 ✷

黄油一煎就出来了,淡淡地撒上一些海盐,松茸是最浓郁的"埃及艳后"了。

✦ 松茸火腿土鸡汤 ✦

做松茸汤可以选择开伞状态的松茸,此时松茸的味道更足一些,煮汤会有更好的口感,不同的尺寸不同的状态,给食物不同层次的滋味,价格也相差不少,要惜物也要精打细算。提前订好一只土鸡,再加上几片两年陈的火腿,一些开伞火腿,文火煲四个小时,才成。

✦ 火腿蒸松茸 ✦

云南无量山两年陈后腿肉火腿,一层火腿一层松茸,慢慢铺排,上蒸笼后大火开蒸,十分钟后才成。

✦ 松茸蛋羹 ✦

没开伞的松茸切成薄薄的片,和蛋液一起蒸,出来之后一层层铺在乳黄的蛋羹上,像沙漠里的乳色水墨画。

✦ 喜马拉雅盐板烤松茸 ✦

用厚厚的喜马拉雅盐板烤松茸,红色的盐板、乳白色薄薄的松茸,白里透红、滋滋作响,三分钟后,松茸满满吸附了千年盐板的肌理,完全不用再调味,松茸变得有滋有味,直接呈到餐桌。一定要用产自喜马拉雅的盐板,既不过分咸又有种深厚的年代感,透过松茸和盐的融合像是咬一口美食大书。

✦ 松茸饭 ✦

新鲜的松茸切片和泰国米一起煮,九分熟,让蒸汽慢慢焐透,掀开锅盖子,欲死欲仙,撒上几颗青豆,灵魂昭然若揭。

✦ 黄油煎黄桃配冰淇淋 ✦

黄桃是做罐头的绝佳之选,生病了孩子没什么胃口,通常一瓶黄桃罐头打开了食欲之门,这是我们印象中的黄桃,然而黄桃煎黄桃,却没有想象中的油腻感,配上一口冰淇淋,笃定的温暖随时而来。

做饭小白
在家也能开家宴

—·— 晓玲给读者准备的私宴TIPS ·—

Step 1
拟菜单

一个朋友的聚会,菜单非常重要,对你的流程和准备是一步步的,条理性是怎样出来,要知道哪个先做哪个后做,大多数家庭厨房条件非常有限,所有的东西边用边清洗,拟菜单在流程中有很好的把控。

Step 2
买食材

找一个丰富度很好的菜市场,买到新鲜和可口的材料。网络购物很好,但看不到实物,还是传统菜市场比较好,食材非常重要。

Step 3
理菜单

理菜单过程需要考量自己的能力所及,不要把目标定得太大,以完成百分之八十的程度为目标就行,剩下要找食材。

Step 4
重沟通

家宴最重要的是要完成一种沟通,不仅是和朋友的沟通,也是和自己的一种沟通,要愉悦。普通家宴、官府家宴是一个职业,当你自己有温暖和喜悦在,你的客人能感受到的喜悦不在于菜的多寡和味道。这样的情况,叫外卖组成的家宴也可以是很好的选择。

钟乐乐

钟乐乐，跨行业的经理人，留美十年后回国，一直从事进口食品推广工作。目前就职于新西兰贸易发展局NZTE（New Zealand Trade Enterprise）。个人酷爱美食，从开始的搜狐博客到现在的个人微信公众号，一直致力于美食的传播，希望能与更多热爱生活和美食的朋友分享和交流。

搜狐博客：东西方饮食文化
微信公众号：Angel美味健康厨房

轻食家宴
——色宴

图 文_ 钟乐乐

我的母亲是画家，所以生长在浓郁的艺术气息的家庭下。从小热爱大自然，爱好户外旅游。好吃和好做饭也是传承下来的，以至于影响到我后续的工作，我从事进口食品推广行业已经有十多年了，与食品打交道之余也练就一些做饭的心得。我的第一本书《天使厨房——四季西餐》也会在今年年底问世，是一本教授国人怎样在家里做地道的西餐，书中所有的菜谱都是自己经过多次尝试而总结下来的。

而我目前的工作是在新西兰贸易发展局，在高强度的脑力工作和经常出差的频率下，我发现社会上面临的普遍问题：（1）亚健康状况普遍年轻化；（2）体虚普遍年轻化；（3）身体各项指标都偏高。

而我有幸身体各项指标都正常，不单单是我坚持二十多年的瑜伽，也不是我刻意去减肥（因为我酷爱美食，无法用这样残忍手段）。所以也想和大家分享一下心得：（1）轻食；（2）膳食平衡；（3）选择适合自己的运动。

轻食是指选择新鲜食材，用简单的的烹饪方法保留食物的天然营养和味道，保持定量、均衡的饮食习惯，进而给身体减负的一种健康饮食方式。

轻食最初的意思很接近西班牙语里的"tapas"和粤语里的"Dim-Sum"。Tapas 本来是指酒吧侍者端酒上来时盖在酒杯上的盖子，后来慢慢发展成为地中海地区各种小份量风味菜肴的统称，很有点广式早茶里"点心"的意思。咖啡馆里那些甜点，各式蔬果色拉、海鲜汤和三明治，可算作是轻食的最佳代表，食材新鲜，制作简便，营养均衡，最适合上班族在非正餐时间补充能量。这股咖啡轻食的潮流传到日本之后，寿司手卷便成了用餐首选。日本人的饮食一向以清淡健康的鱼类、豆类、米饭、蔬菜、水果为主，选择这些低热量食材，富有的健康及美味本质，非常符合理想的饮食健康原则与轻食主义的概念。所以说，轻食的另一个涵义则是指简易、不用花太多时间就能吃饱的食物。

美国著名的饮食杂志《*Cooking Light*》曾经倡导读者"少即是多"，因为少量、多样、健康的食物含有不同的营养元素，更能够拓展味蕾。如今当红的英国自然派厨师杰米·奥利佛（Jamie Oliver），曾跑遍意大利的乡村，寻找最新鲜的食材，再随性做出最适合的菜式。食材的新鲜，主要是指当令。因为食材中本来就有天然好滋味，而盛产期的蔬果未经过冷冻程序，营养及新鲜度都不流失，最是尝鲜的好时机。至于自己亲手制作，当然可以更加随意。尽量选择新鲜、低脂的食材，用尽量简洁的制作手法，添加尽量少的调味料，保持食物的原味，注意摄入营养的均衡，就是轻食主义的最大原则。

轻食主义产生伊始，普遍认为油、盐等是最需要避讳的。在轻食主义不断被深入诠释和理解之后，"少并且均衡"就显得更为重要。

轻食和普通的节食不同之处在于，轻食是在一定热量限制内，尽量选择饱腹感强的食物。这就意味着，在保证正常膳食结构和一定热量的前提下，人们可以自己安排食谱。这就给很多不能承受节食痛苦，又想尽快减轻体重的人提供了一个好方法。在人体每天摄入的各种营养元素中，除了维持生命必须的碳水化合物和维生素外，蛋白质也是非常重要的组成部分。相比其他食物，蛋白质能带来更多的饱腹感。所以，为了能少吃点东西，适当食用一些肉类是轻食主义中很重要的一部分。只有在最少的热量下吃饱，才是真正迈出了减肥的第一步。在西方世界，人们很重视热量的摄入，所以在食品包装上都标有热量。目前在中国标注热量的食品也越来越多，在选购时也应该注意食品所含的热量，保证每天摄入的热量在标准范围内。

所以在当下大家的共识要提高生活品质，而我的看法是要从饮食规律、生活规律、膳食平衡入手。这样才能全方位的将自己的品质提高。

今天我也为大家呈现一下我的轻食家宴，希望大家喜欢！

钟乐乐的轻食菜单

★ 开胃菜 ★

胡姆斯酱以色列的传统食品。

★ 南瓜汤 ★

富含维生素 A 和维生素 E，增强机体免疫力。

★ 禅食养生七彩小米饭 ★

五谷杂粮，色彩均衡。

★ 素食甜品 ★

红粉佳人、柠檬砖。

★ ★ ★

胡姆斯酱
Hummus

    胡姆斯酱是一种纯手工制作的豆制品，把煮好的鹰嘴豆磨碎，根据个人口味加入不同调料而加工成酱料。在以色列，几乎人人都会做胡姆斯，可以说它是以色列食品中的传统精华了！据说，阿拉伯人所制作的胡姆斯最棒，沿袭着千百年的手工制作流程和严格的选料精神，丝毫不因岁月的变迁和现代工业的发展而有所改变。

    一般胡姆斯搭配各种蔬菜、薄饼、披塔饼。而我自己喜爱和酸奶油一起搭配。今天给大家介绍的是十分简单的胡姆斯做法，只要 6 种原材料 5 分钟就搞定！

◤ **原材料** ◢

鹰嘴豆 32 克（6 两）罐头
蒜 3 瓣
芝麻酱 1/2 杯
2 鲜柠檬汁 大勺
海盐 1 茶匙
橄榄油 2 大勺

◤ **步骤** ◢

1. 将带汁水的鹰嘴豆加入蒜瓣放入微波炉里中档 5 分钟 (用保鲜膜包好)。

2. 再将加热好的酱料放入搅拌器中，加入柠檬汁、盐、芝麻酱和橄榄油进行充分地搅拌直至乳状。

3. 尝试下口感，再适量加入盐。

4. 一般在装盘前放入少量橄榄油和辣椒粉。可以与蔬菜、饼搭配进食。

Tips: **一般做好的酱料放冰箱里可以存放 1 周。而且隔夜的酱更好吃。**

★ ★ ★

南瓜汤
Pumpkin Soup

南瓜富含维生素 A 和维生素 E，可以有效缓解干燥症状，增强机体免疫力。南瓜中还含有丰富的维生素 B_{12}，人体缺乏维生素 B_{12}，会引起恶性贫血，所以吃南瓜是最好的"补血"方式了。烹饪时许多人将南瓜瓤丢掉，但南瓜瓤实际上比南瓜果肉所含的 β- 胡萝卜素多出 5 倍以上。南瓜在西餐中广泛应用，尤其从万圣节开始一直到圣诞节，南瓜都是餐桌上的主角。

准备时间：10 分钟
制作时间：60 分钟
参考分量：4 人份

原材料

南瓜 1 个
大蒜 1 头
葱 1 棵
蔬菜高汤 1000 毫升
植物油 50 毫升
盐 6 克
现磨黑胡椒 3 克
淡奶油（可选）

步骤

1. 先将南瓜去皮、取籽、取肉、煮好备用。大蒜、葱分别切碎。
2. 烧热的平底锅加入少量油，放入葱末和蒜末，文火炒变软，炒出香味。
3. 在食品料理机中加入蒸煮好的南瓜、蔬菜高汤和炒香的葱、蒜一起搅打均匀，然后倒回锅中小火煮 15~20 分钟。最后加入盐和现磨黑胡椒调味。
4. 将汤倒入温热的碗中，根据个人爱好放入淡奶油。

Tips: 南瓜口感微甜，依个人喜好还可以加入一些椰奶进去，非常符合孩子的口味。

禅食养生七彩小米饭
Pumpkin Soup

目前环境污染、食品安全等诸多因素让我们不由得要更理性地了解更多的食材发源地以及更理性地调整我们的膳食结构，达到小环境的净化。

今天给大家介绍的是禅食食谱，因为我先生是素食者，而我也会被他影响到对素食更加感兴趣了。而今天使用的是来自内蒙古敖汉旗的村头树小米，敖汉旗昼夜温差大，光照充足，在这种气候下生产出的杂粮口感好、营养丰富。加之敖汉旗杂粮绝大部分种植在山地或沙地，土质和空气无污染，且施用自制的农家肥，是真正的绿色原生态杂粮。与市场上的超市买回的小米一对照就可以看出从颜色上的不同，而烹饪煮的时间也很短，一般可以先泡 30 分钟再煮小米饭，大约 15 分钟，小米粥也是 15 分钟。口感是粘稠的不是米水分离无味的感觉。

禅食食谱是根据我们的季节、气候、个人健康状况而设计的，一般烹饪方法轻快简便。

◆ 原材料 ▶

小米 100 克　豌豆 50 克
菌类 50 克　胡萝卜 1 根
橄榄（青色、黑色）20 克
橄榄油 1 大勺
海盐 2~3 克

◆ 步骤 ▶

1．将小米洗净，泡水 30 分钟。将菌发泡 1~2 小时，将胡萝卜切小丁，橄榄切小片。

2．将菌水放置一边待用，另外一个小锅中煮水到开之后放入小米，用小火煮 10 分钟，捞出来。

3．在一个平底锅中放入橄榄油将胡萝卜、菌类炒香，大约 15 分钟后放入豌豆和小米，再将菌水倒入刚好没过材料即可，盖上盖子小火煨 5~6 分钟。再放入海盐以及橄榄片翻炒出锅。

Tips: 小米黏性高，烹饪中需要较多的水分。

★★★

柠檬砖
lemon bars

　　春天的味蕾开始蠕动，渴望清香、清淡而又不能单调的饮食。这款酸酸甜甜，又充满柠檬清香的柠檬方砖，Creamy, naturally sweetened vegan lemon bars made with 10 ingredients and a delicious taste...yummy!

◆ 原材料 ◆

柠檬馅

生腰果 1 杯

椰浆（奶油部分） 1 杯

玉米淀粉 2 大勺

新鲜柠檬汁（相当于 3 个柠檬） 1/2 杯

新鲜柠檬碎（1 个柠檬） 1 大勺

糖浆 1/4 杯 盐少许

柠檬派皮

混合碎(干果,杏仁,燕麦) 2杯

糖 2 大勺

糖浆 1 大勺

椰子油 5 大勺

盐少许

◆ 步骤 ◆

1. 将生腰果浸泡,最好前一天晚上就浸泡。

2. 烤箱 170 摄氏度预热。

3. 将干果、杏仁、燕麦混合之后放入搅拌机打碎,放入盐和糖搅拌成细颗粒。

4. 倒入一个容器中,倒入融化的椰子油、糖浆充分搅拌均匀。

5. 准备好一个方形烤盘或者几个小的长方形烤盒.将裁好的烘焙纸放入模具,再平铺混合碎,用勺子按平即可。

6. 放入烤箱,190 摄氏度 20 分钟。

7. 将浸泡好的腰果放入搅拌器中,加入椰浆奶油部分,快速搅拌 3~4 分钟,中速放入柠檬汁、盐、玉米淀粉和糖浆,直至均匀。

8. 将柠檬馅倒入烤好的模具中,轻磕把多余空气弄出来,放入烤箱 170 摄氏度 20 分钟,直到边缘焦黄。

9. 放置凉后,放入冰箱定型。

Tips: 食用之前,放入柠檬碎,口感酸甜,浓郁。适合春季以及初夏的素食甜品,清爽而不腻。

白关(狼)著名绘本画家

本名刘宁,1978年出生于内蒙古乌拉特前旗。
中学毕业后做过三年印刷工,兼职编辑,业余进行漫画创作。
后考入天津工艺美院学习动画,毕业进日本游戏公司做了六年原画工作。
辞职后,用三年时间骑行全国,其间写生记录。
2017年结集出版漫画《流学的一年》。
并由方正软件发布一款命名为"白关手绘体"的电脑字体。
现居北京郊县,租地种菜,一边继续漫画创作。

细腿大羽(鹿)著名摄影师

本名黄璐璐,鹭映像摄影工作室创始人。
本科专业金融,硕士专业公共事务管理。
大学毕业后边工作边旅行,由此成为摄影爱好者,
2011年开始专门拍摄孩子,转行成为专业摄影师。
已独立出版摄影集《亲爱的小孩》和《樱桃》。
现居北京郊县实践新晋农妇的生活。

来我们家吃饭就对了

文_ 白关
　　 细腿大羽
绘_ 白关
摄_ 细腿大羽

为什么要住乡下？

我和我媳妇璐璐最终选择到乡下生活，是由很多个机缘凑成的。先从我们结婚之前的个人经历说起吧。

我出生在内蒙，从小在农村长大。到上小学的年纪，家里才搬到镇上，所谓的镇，其实比一个乡村大不了多少。所以很多儿时活动，基本都是在广阔的土地上进行的。加上亲戚很多都务农，我经常帮忙干活，对农事生活很熟悉。后来在城市中生活久了，越来越觉得压抑，还是很怀念过去那种广阔的自由。

璐璐却是一个典型的都市孩子，从小就没接触过土地。但她骨子里有一种对大自然的热爱，长大以后特别喜欢旅行，经常要去一些边远地方徒步，这个过程让她看到了很多有趣的人和其他精彩的生活方式。尤其是台湾东部的朋友，过着简单丰满、物尽其用的日子，让她很羡慕，觉得这就是她向往的那种生活。

后来我就彻底辞去了工作，那时候的想法是先离开大都市，至于何去何从，等游历完全国再说。之后就骑一辆自行车，开始了我"流学中国"的计划。很奇妙的是，出发第二个月，就在福建一个海岛上，和独自背包旅行的璐璐相识了。之后我骑行三年多，她经历转行，顺利当上自由摄影师。各自都度过了关键的成长期。在我即将完成骑行的最后一年，她用"去乡下种菜"的美好愿景诱惑了我。之后我们就迅速结婚，搬到了北京郊外的一个村庄里。

土大灶

　　还有必须要说的原因是，我俩都是吊儿郎当惯了的主，对主流价值观那一套不置可否。什么贷款买房？吓！年轻人干嘛要牺牲自己的青春去干这种蠢事？当然，其实主要是存不了钱，有多少花多少，最后遭报应了，城里房价越涨越高，血淋淋的现实让我们这种得过且过的人不得不另作打算。去农村租房住，也算是一个不得已的选择。对于准备做自由职业者的我们来说，一方面经济压力不大，另一方面也有更多时间支配。

　　住到乡下三年多，又证明了一件事：不管你多奇葩，总有和你一样的人。所以陆陆续续认识了很多朋友，住在不同的村子，大家偶有往来，互相串门。因为远离城市，大多数都必须自己做饭，到不同人家，品尝风味各异的饭菜，是我们乡下生活的一项重要活动。会不定期随机举行。

　　目前我们两人全年都在村里生活，租住着带院子的农民房，自己种菜，春耕秋实。大多数时候都能自给自足，剩余时间各自做各自的工作。璐璐是儿童摄影师，会不定期去客户家里拍摄，我则画漫画，最近在完成一部骑行系列的漫画，根据自己的亲身经历绘著。

特色煮花生

狼 说

通常请客吃饭,都有一个主题,或者由头。特别是请到自己家,人数还比较多的情况。一般来我家,就一个主题——"农家乐"。来的基本上是城里朋友,假期了,要出来呼吸一下新鲜空气,换换脑子,体验一下农村风情,就来我家组一局。有时候也会有远方的客人来,米其林三星啥的都吃腻了,想体验体验粗糙不讲理的北方乡土大灶,来我家就对了。

今年国庆和中秋赶在了一起,假期悠长。管家和波子姐她们从上海过来玩儿,定了一天要在我家吃饭。他们难得来一次,其他朋友也想聚聚,刚好这个季节不冷不热,是院子里最舒服的时候。

约人!这件事我家总指挥最擅长,每次都能超额完成任务,这次我还提醒她,谁谁最近好像也没啥事,要不一起叫来。最后一算,十九个大人,刚好符合我们今年的时代精神。

我们大多数时候约下午饭,让朋友们午饭别吃,这样一边玩儿一边吃,午饭延到晚饭,就

都解决了。如此一来,还有一个好处就是,我们上午布置完,中午还得空休息一下,养好精神,准备下午的"十九大餐"。

接下来准备食材。有个笑话说,一个人想吃火锅,但家里啥原材料也没有。于是打电话给朋友甲:"来我家吃火锅,都准备好了,就差羊肉,你带点来就行。"给朋友乙说:"就差蔬菜,你带点各种蔬菜就行。"又给朋友丙说:"就差肉丸、豆腐、土豆、海带、粉条之类,你带点来就行。"最后给朋友丁说:"就差啤酒了,带一箱来。"然后坐家里摆上火锅烧上水,等着。

这就是我家请吃饭的风格。不过我们更狠,不光要朋友们带东西来,还要贡献厨艺。没办法,谁让他们各个都身怀绝技。

向丽在"本来生活"网站上订购了各种肉和海鲜。直接快递到门口,以我们村买不到好啤酒为由,让耀扬带啤酒来,饭后甜品一般是小超人带她自己做的蛋糕,或者易筱现做。我俩主要负责"布置场地和场地布置"。

特色烤鸡翅和羊肉串

东院屋里，只有来客人的时候，我们才去正儿八经打扫一下卫生。长时间不用，北京风多，我们院子都是裸露的土地，加上墙面是黄泥的，时不时就往下掉点土面，所以屋里总是有不少尘土，每次扫的土堆起来有半簸箕。我总想，也不知道哪天这墙就掉完了。

扫地的时候，发现买来一年的高粱穗笤帚已经磨损殆尽，而这个阶段，却是它最好用的时候，扫起来轻快利落，一些角落也能够到。

做完清洁，再做一些软装饰。通常我们只是把院子或野地里当季的花采来插一些。屋里空，色调单一，一朵小花插进来，立刻被黄泥墙衬托得明艳无比，自带了些许禅意，这个偷懒的方法屡试不爽，也得益于我们这个老屋本身具有一种岁月沧桑的气质。

插完花，屋里就基本告一段落，接着扫院子。入秋以来，多数蔬菜也该收蔓。清理出几块日渐枯萎的菜地，院里马上显得整洁不少，剩下就是用餐区的落叶，扫起来，刚好做饭的时候引火用。

这天天气很棒，在中秋明媚的阳光中，午睡醒来，朋友们陆陆续续也都来了。屋里摆上茶点，大家来了随意。我们这次主打烧烤。总指挥穿串儿和准备配料，我负责烧火。铁锅大灶点起来，先煮一锅玉米。玉米是一大早去镇上集市买的村民家刚摘的。对了，食材也不都是别人拿来的，这种几块就一麻袋的，我们还是准备了一些。

每次如果樱桃来，火就是她负责，坐在大灶前，不停添柴，火光照在她粉扑扑的小脸上，兴奋不已。柴火很厉害，一大锅玉米很快就煮好，捞出来，用煮玉米的水，接着煮花生。本来还想买毛豆，过季了，只有花生。老羊看见大灶点起来，作为一名厨艺爱好者，早就端坐不住，过来指导用料。他问我有没有花椒，我说门口就是花椒树，刚好熟透，摘一把扔锅里。问我有没有辣子，地里朝天椒正结得欢实，掐几把切段扔锅里，又放了姜和盐。嘱咐樱桃小火伺候。

把炉膛里多余的燃柴取出一些，兑上木炭，架起烧烤炉就可以开始烤羊肉串了。第一轮肉串烤好，花生也刚好出锅。这时候午后骄阳褪去，阳光温柔地照在院中。大家从室内出来，围着户外长桌坐下，一人举一个玉米啃着，惊呼着新鲜水果玉米的甜嫩多汁，不一会儿就又被煮花生震惊了，不知道是玉米水还是刚摘的花椒

特色烤茭白

辣子的作用，花生的味道像整个秋天一样浓郁。

"吃羊肉串一定要配我家的紫苏叶子！"总指挥手一指，就有人到地里摘紫苏，拿去水龙头那儿冲一下，分给大家，一片叶子裹一小块羊肉。经过玉米和花生的轮番轰炸，没有人能淡定了，反正吃啥都得紧着怪叫几声。也有生性好静的人，比如吃素的小白：默默远离我们因羊肉而起的蛮欢气氛，在屋里用烤箱烤土豆。小白烤的土豆，黄灿灿摆在锡纸上，点缀一些墨绿色的百里香。在一堆乱七八糟烤串中间精致得有点伤心。好在还来不及欣赏，就被一扫而光。

烧烤特别适合松散的聚会，大家不是一个时间来，也不用一个时间来。

吃到中途，凹老师和耀扬两家才到。凹老师是带围裙来的，据说有那么几次烧烤局，因为他的出现，才让大家吃上真正的烤串，所以他也就养成了各就各位的好习惯。一进门，看见我正在往外扒拉着了火的鸡翅，果断围裙一挂，说："我来吧。"我把烧糊的鸡翅拿走，他拿新串架上，交接得行云流水。后来凹老师烤出来的串儿，光只看颜色，就证明他带围裙来，已

经是很谦虚了。总指挥连着吃了四个鸡翅，问凹老师怎么才能烤这么好，凹老师言简意赅地公布了秘诀："别离开。"大家一直喝我们村超市卖的罐装燕京，终于看见耀扬拿来了小玻璃瓶装的精酿啤酒，好不好喝无所谓，走在菜地里，一手烤串一手拿啤酒瓶才对劲。

波子姐连上了外放音响，选了一些音乐放起来，大家让最爱唱首歌的管家给来一首，欢庆佳节。管家也不含糊，手机找出歌词，开口就唱："锦绣河山美如画，祖国建设跨骏马，我当个石油工人多荣耀，头戴铝盔走天涯……"坐得板直，梗脖子打手势，慷慨激昂，大家乐坏了。最后一句"我的心里乐开了花"还没完就掌声四起，有人都流泪了，笑得。一首很国庆的歌唱完，突然旋律一转："甜蜜蜜，你笑得甜蜜蜜，好像花儿开在春风里，开在春风里……"这个大家都会唱，稀稀拉拉地跟着，院子里马上温柔起来，刚才还在满处跑的几个孩儿也不跑了，站在那里听着。"邓丽君"退场，音乐换了一首舞曲，小羊拉着管家跳起旋转舞。大家也抖腿的抖腿，摇头的摇头，就连刚会走的小桃桃，还不知道怎么回事，就扭起来了。这时夕阳西下，最后

面拖蟹

一抹余晖，染在天边。

　　天色逐渐暗下来，炭火长红，人多吃哄食，战斗力绵延不绝。最后连地里仅剩一些歪七裂八的茄子青椒都拿来烤了。管家比较贴心，一边摘茄子，一边说："给他们留点啊，不然冬天没口粮了。"耀扬想起给我们带的中秋礼物，一大箱子大闸蟹，问我俩准备怎么办，吃啊！刚好有上海来的几位美食家，简直再合适不过，我都怀疑耀扬是算计好了的。那么多蟹，只有今天这么多人能解决。老羊过来看了看，说我给你们做面拖蟹吧！我心想，拖鞋我家倒有几双，不知道老羊准备怎么做。

　　拆绳，切蟹，洗锅，备料……大家一起动手，以管家和老羊两位上海大厨为主导，很快

就围在大灶前，准备下锅。我这才搞清楚，原来是准备用面糊炒螃蟹，惭愧我在上海那么多年，居然不知道有这么一道菜。这时天也完全黑下来了，拿来应急灯，照着炉台。基本上所有人都吃得差不多了，举起各自的手机相机围了过来，俨然一副压轴大戏要开场的局面。那些被切成两半的螃蟹还在挣扎，哗啦啦被下到油锅中，大铲子左右翻腾，在火光和灯光的映照下，惨烈又香浓地翻腾着。小白她们聊着天，远远地看着夜空和我们这群野蛮人。有一些人已经上墙头了，为了一个更好的机位。我们看主勺的老羊一时间凝神注目，在大锅前像一场豪华乐队的指挥。锅里螃蟹很快就成了红色，面也结成姜黄色糊状，加上白葱段、绿葱

特色烤土豆

叶，柴火烘出的菜籽油香味钻到每个人鼻子里。即便有烤串垫底，也没压住口水。为了掩盖咽口水的声音，喝采声不绝。一大盆面拖蟹出锅，此时月高风黑，哪里顾得上体面，直接上手抓啊，当然我主要是说我，他们看见我蹲在灶膛口嗖一个蟹腿，很像长工刚刚偷来点吃食打牙祭。

一个硬菜额外加进来，很快所有人都吃不动了，有的已经发了好几条朋友圈。这时候最需要一碗热汤，北京话俗称"溜缝儿"。

耀扬其实很难请，一般人多的地方他不来，因他平时工作就是协调一群人为另外一大群人服务，所以只要得空，他恨不得飞火星上，只想一个人静静。更别提让他下厨，开四家餐厅的他，离开厨房就是过节。我们和他说，好久不见了，想他了，来乡下喝点酒聊聊天。他没说来也没说不来。后来可能是小羊说她要带孩子来，但是小羊不会开车，他作为司机，只能来了，还提了很多东西。小羊说，我家耀扬做的疙瘩汤最好喝。小羊这话大家实际上听过好多次，今天一听，后面菜地有佛手瓜、白菜、萝卜、西红柿，这是万事俱备注定要喝上耀扬疙瘩汤的夜晚啊！群众纷纷表示倘若有了这碗疙瘩汤，今天就算圆满了。耀扬放下了手里的酒瓶，耀扬站起来，耀扬走向厨房……疙瘩汤也是一扫而光，好吃是一方面，另一方面是耀扬掌握得很好，就一人一碗。我想下次可能更难请到耀扬了。

中秋的晚上已经有点冷，这时候刚好祭出

我们农家乐大招——点篝火。一个大火盆在院中腾起，刚才有点安静的气氛顿时又活跃起来。细毛看见火最高兴了，围着转圈。小桃桃明显也很激动，小羊一个劲地拉住她别太靠近。小娃娃一会儿指着火，一会儿指着她妈，激动得说不出话来。会说早就说了，不过明显看她很想说几句："这个红色的家伙是谁，为什么大家看见它这么兴奋，却又躲那么远？"火光中吃饱的人们，脸红如喜事。话题已经从谁谁怀孕聊到了美国不禁枪到底是更安全还是更危险。

小白是第一个走的，她行事从来不过度，咔嚓一下就切换了。火盆添新柴的时候，彭晓他们也告辞。小朋友们躲在屋里不知道玩儿什么，喊不出来，于是大家又坐了一会儿。实在晚了，才陆陆续续都站起身帮我们收拾残局。吃烧烤最大的好处其实还是用到的餐具少，很快就都收回屋了。送朋友们出院，各自上车，我们站在门口，挥手，看着最后一个车灯消失在转角。

小院安静了，一地狼藉。火盆里的火也只剩下红炭，扫出厨余倒地里堆肥，没吃完的菜放冰箱，刷碗洗锅，总指挥还要在微信上收照片发照片。发现有人东西忘带，约着哪天给送

去……又折腾了一个多小时，终于坐下来，互相看看："终于结束了。"

睡觉之前，总指挥说："我觉得大家很喜欢来我家吃饭，他们最放松了。"不知道她哪来那么大自信。我们的家宴，每次从开始准备到结束，我都有些紧张，总想拿出完美方案待客。但经常要出各种状况，很抓狂，整个过程没啥参与性，只想着是不是缺这个？要不要把那个拿来？不够吃可怎么办？饮料不知道人家爱喝哪种……跑过来跑过去。总指挥不以为然："没事，他们不会介意的。"事实上每次都是朋友们自己化解了，吃不饱自己动手，没人理自己玩儿……像小白她们经常来的朋友，都知道我们冰箱里还剩啥、烤箱电源怎么接、油盐酱醋的位置。每回都不用照应，就变出几个菜来。从这点上来说，我觉得总指挥说的有些道理，如果大家真觉得放松，大概主要是这家女主人，压根没把来的人当客人啊。

反正这么多年，都是这样的。

鹿 说

某天晚饭说起要写家宴，我问狼："你准备怎么写？"他说就写前几天大家来的这一次。我说："啊？我感觉是要写家宴这个事儿，而不是具体一次。"他说不，要事无巨细地写，我说："那你写你的，我写我的。"就这样以不合作的态度决定各自弄各自的。我因为意见不统一还有点儿不高兴，后来猛然觉得，哈哈，这就是我们每次家宴的节奏，张罗的人总是我，拍脑袋就定了日子，每次都左呼右唤，然后一数，啊，又是小二十人，然后家宴当天，忙前忙后做具体事情，比如点火、烤串、这儿那的，都是狼。狼说我是菜地里的总指挥，家宴，看来也是。

家宴这词有点儿高级，我想到的是正式的很多道用心准备的菜，而且出品精致，摆盘讲究，且主宾优雅。我们家家宴完全不是这样的风格：从菜品到人设，都有点儿像我们肥力十足，又因几乎不拔草而显得杂乱的菜地。有一种生机勃勃，自由生长，放飞自我的劲头儿。

叫这么多人到家里来吃饭，也是从租了这有半亩菜地的小院子开始的。以前在城里住的时候，很怕人来家吃饭。我不太会做饭，去菜市场买菜就开始晕，经常事先定了的菜单，到了菜场又开始这变那变的。总之，我不是一个擅长厨艺，愿意并享受为朋友们做饭的人。现在我依然不那么擅长厨艺，但我种地种得还不错，或者说土地本身太慷慨，它的慷慨不仅仅喂饱了我们的日常，还能让每次来家里的朋友接上这里的地气。孩子们在田埂上追跑，无视我"小

心我的菜苗"的叫喊。大人们一起地里摘菜，菜地边洗菜，端着碗蹓蹓跶跶着吃吃聊聊，嘻嘻哈哈。有时还跳起舞唱起歌，完全即兴。走的时候，经常还能愉快地带走几根茄子、青椒、豆角、佛手瓜等各种蔬菜。

种菜的院子里，有一个户外活动区。起初这一小片儿也都是菜地，住下来的第三年，我们铺了路面，搭起了灶台、厨台和坐的地方，专为朋友们来吃喝准备的。到目前为止，在这个户外区域进行最多的是烧烤，其次是大炖菜。天热的时候，还吃过凉面。每次都不少于十个人。一个和菜地无缝连接的活动区域，那种透气的感觉，让我觉得吃什么都香！

自制火锅

　　土灶台是我们家的特色，是狼和他爸爸一起搭起来的，开锅仪式那天炖了一锅地里的菜，最大感受还不是真的味道不错，而是：那么多的菜丢进去，只占个锅底儿。锅真的太大了！有一次放进去二十多个玉米，也就占了半锅。去年秋天，朋友家得了条一米多长的大鱼，想到只有我们家这锅能装下，约了乡下的朋友一起来我家吃炖鱼，那天只有一道菜，大鱼炖豆腐，十个人还没有吃完，对了，每次家里约人来吃饭，尤其如果用了这个大锅，剩下的菜都够我和狼再吃两天的！

　　从五月中旬到十月初，户外的活动场地都很适合朋友们来，除了吃点儿地里的菜，还有一点重要的就是玩儿。最嗨的是咏春师兄们来聚会，城里的练习场地有限，在我这里好切磋，又随手可以抓点儿什么补充能量，特别来劲儿！

　　十月的秋雨一下，气温唰地就下来了，就要改到室内活动。种菜的院子里有三间老屋，都是黄泥土墙、榆木房梁。在这样的屋子里吃火锅，用的是电，感觉是炭。准备一点儿肉，一点儿丸子，村里买点儿豆腐，其他的菜都是地里摘的。印象最美的是某年深秋的火锅宴，去地里摘了打过霜的菠菜，一涮，太甜了！今年十月中旬第一顿火锅，还涮了自己种的花菜和藕！简直要上天！

　　热热闹闹的家宴，到了冬天就基本放假休

59

璐璐的菜园子

息了。院子里的土地上了冻，怕水管冻上会放水关闸，我和狼会猫在同一个村子里的一处有暖气壁炉的房子里，这边只有房子没有地。冬天的乡村，极致的安静，也就想不到常呼朋唤友来家里吃饭了，最多快过年了时候，约少数几个朋友来刻窗花，或者平安夜小聚，烤着壁炉，弹个钢琴。吃得最多的是烩酸菜，饭后甜品是炉火烤地瓜、壁炉上烤煎饼包棉花糖，后者是狼发明的超级甜品！

最后，我想到的家宴却是我和狼的日常，住到乡下后，自己种菜，一日三餐自己做，脑子里过一遍四季里等待我们去吃的菜，感觉好踏实。我们的家宴都不太上得了台面儿，但每一顿都吃得满足，我们经常饭后说的话就是：又吃美了！

自制粽子

自制凉面

暴走夫妇

永不停歇探索的城市达人

插画_王企企

"暴走夫妇"是一对大城市里的小夫妻(斯佳丽:品牌策划师,85后,热情洋溢的白羊座,做过很多冲动的决定,却能让结果心满意足。刘大强:鹅厂产品经理,85后,温情居家的射手座,简单明确的人生目标,不忘发现生活的美)。他们从北京移居深圳,大到行走世界,小到征战厨房,把普通小日子过得简单精彩。

自称"暴走夫妇"是因为喜欢他们把业余时间安排得满满的,每个周末都像是做任务一样寻路探店,朋友们都认为很辛苦,而这对于他们来说,只是换了一种生活方式。

在家一起下厨的乐趣

图 文 _ 暴走夫妇

即使是厨艺娴熟的家庭主妇，也会对泰国菜望而却步。究其原因，无非是制作泰国菜非常麻烦，不论是品种繁多的新鲜香料，还是复杂的烹饪步骤，都很难一一精准掌控。但泰国菜独有的香甜酸辣却让人难以放弃。这次我们决定制作一场泰国菜主题的家宴，用新学的青木瓜沙拉、鲜虾米纸卷和冬阴功汤来招待朋友们，但与传统宴客方式不同的是，这场家宴没有主厨。

有人曾经对比过东方人和西方人宴客的不同之处：西方人的菜大多会用到烤箱，所以把食物放进烤箱以后主人就可以暂时歇下来，到客厅与客人一起举杯交谈，宾主尽欢。而中国人宴客，总有那么一个大厨需要一整天待在厨房。从买菜、洗菜、切菜到做饭，厨房永远需要一个人把守，往往等客人吃饱时，主人还在厨房忙得满头大汗。相信这也是大多数人觉得在家宴客麻烦的原因。我们觉得把一个人一直拴在厨房，太不人道。大家一起来动手的话，美食的意义就会更丰富。

正式制作菜品之前必须用倒棒槌和石窝将食材混合、捣碎，这样才能激发出各种香料混合的香气（Aroma），这也是泰国菜的神来之笔。将切菜的工作交给刘大强，捣碎食材的工作交给胡杨：柠檬叶、大蒜、朝天椒捣碎成酱，再加入雨露和柠檬汁。斯嘉丽负责处理虾，雷欧负责拍照。

雷欧镜头里的美食有着致命的诱惑。他是两年前从北京搬到深圳来的，趁着那帮移居深圳的热潮，后来竟慢慢地爱上了深圳的生活，

做泰国菜前捣碎香料

也难怪，从自然环境到政策友好程度，年轻的深圳确实有着巨大的吸引力。他总爱用相机记录下美好的生活瞬间，这一次顺理成章成为了家宴的摄影师。

胡杨在医疗器械公司做市场工作，养了两只猫的他来自贵州，特别喜欢辣的食物。研磨钵在他手里"咚咚咚"地响起，朝天椒与柠檬混合后迸发出的香气弥漫在整个房间。而心灵手巧的格格把青木瓜切成了细丝，没有人比做财务工作的她更加仔细了。作为主人的暴走夫妇除了一边处理主食材，还一边为朋友们准备着东南亚式的冷饮。

做饭菜的时候，正是傍晚黄昏时分。楼道里能听见谁家妈妈喊孩子回家吃饭的声音，家家户户的厨房都飘出家常饭菜的香味，对面大楼的灯火一站一站点亮，在夕阳的映照下，整个城市都温馨起来。每一盏灯的后面都有着一个家的故事，那里或者是一家三口的家常便饭，或者是全家老少几代同堂的聚会。一座城市最美丽的永远是生活在城市里的人，他们努力工作，和家人幸福快乐地度过每一天，尽管有很多压力和烦恼，但一顿家宴总是最能解压的。

鲜虾米纸卷

暴走夫妇刘大强和斯嘉丽是深圳这个城市的新成员。之所以被叫做"暴走夫妇",大概因为我们经常风风火火地做出一些决定并马上执行。三年前因为实在无法忍受北京雾霾的困扰,二人商量权衡之后快速决定搬到了深圳。而在那之前,夫妇俩已经在北京奋斗了数年。

还记得2013年帝都污染爆表的一天,空气呛鼻,大街上行人车辆寥寥无几。在好朋友的介绍下,两个有着共同趣味和思考的北漂拨开重重的雾霾一拍即合,第一次约会就连吃了三家餐厅。

遇到对的人总是会很快进入热恋。暴走夫妇约会的主要内容是做饭:一起骑车去买菜、做饭、刷锅、看电视。斯嘉丽爱花,强哥就经常陪她去亮马桥花卉市场买花。而在这之前,强哥还是一个天天只知道泡健身房的男子,生活非常僵化,几乎每晚都要吃"嘉禾一品"的西红柿鸡蛋面,再喝一大瓶果粒橙。

生活的枯燥乏味就这样被另一个人打破,两个人一起折腾,日子

甜品

渐渐过得丰富起来。一起做饭、一起按摩、一起看电影、一起听音乐会、一起做很多有趣的事情。后来，我们搬到了春秀路工体北里，这里没有电梯和物业，玻璃掉下去砸到别人的车还赔过八百块；这里的房东非常"房东"，每次沟通都恨不得去用头撞墙；这里的家居都是淘宝，用过半年就开始塌陷；但是在这里，我们留下了非常难忘的回忆。直到现在，每每回想起楼下的盲人按摩、大悦啤酒、渝信川菜、绿叶子超市，都不禁流泪。

2014 年，当我们向朋友和领导提出因为雾霾要辞职逃离帝都时，他们一致反对。事业上的资源需要积累，在个人职业成长最黄金的时期，选择去另外一个新的城市，"逃离雾霾"这样的理由说出来让人觉得有点幼稚。

但我们仍然选择了离开。当时有多"冲动"呢？斯嘉丽刚刚做完前交叉韧带手术，每天在家撕心裂肺地做复健。而大强一边照顾她，一边寻觅着深圳的工作机会：拉勾、猎聘、智联、51job，最后连豆瓣都翻遍了也没有丝毫回音。在如此"没把握"的时候还是坚定地定好了机票、打包行李，执行着"逃离计划"。好在搬家前一周，

工作的事终于落定。

　　来深圳之前我们并不了解这座城市。没有房子，我们的二十箱行李也没有收货地址，几番央求后德邦才答应发货，地址填了德邦深圳的仓库。我们坐飞机，行李是陆运，所以人会比行李早到两天。我们的目标很清晰：一天之内找到房子，第二天就要入住。这样的要求让我们在租金上几乎没有谈判的可能，但只要有地方可住，后面的都可以慢慢来。

　　到深圳的第二周暴走夫妇就去看车了。无法上牌买车也是暴走夫妇离开北京的导火索，没钱怎么办？我们刷了好几张信用卡，很久以后才还清。不过两个月后，深圳就开始限牌了。这些都是冲动的代价，也是冲动的结果。冲动本身并没有什么，问题在于是否有一份随机应变承担冲动结果的勇气。

　　有时候看着地铁里的人潮

67

冬阴功汤原料

聚来散去，忽然有种莫名的悲伤袭来。城市越来越大，而我们却越来越渺小。

深圳这座年轻的超级城市，生活节奏相比北京有快无慢。在这一片我们生存的钢筋水泥里，每个人都像蜜蜂一样勤劳，朝九晚六，默默地奉献着自己的年华。对于上班族来说，家只是一个一天待不过12小时的地方。

每天早上跟着地铁里的人走出车站，不用辨别方向，就能走到公司大楼下。坐在办公室的工位上，面无表情地对着电脑飞快地敲击键盘，偶尔起身倒杯水，同时在十几个工作群里激烈争论，这是很多白领的工作状态。中午时分，才有机会站起来和同事一起午餐，有时候甚至不愿意走出大楼，在地下一层的食堂解决午饭，回来后继续工作。当吃饭变成了一个流程，很多时候都是食之无味。

终于到了休息日，被工作折腾得精疲力尽的我们，往往一觉就睡过大半天。刚开始工作的时候，一直是这样的状态。直到发现这样下去太消极：周末是真正完全属于自己的时光，不应该浪费在懒床上面。

深圳的夏天很长，所以大部分时候天亮得非常早。在太阳出来之前，暴走夫妇就揉着惺忪的睡眼爬起床，换好跑步的衣服，去深圳湾公园跑步。探索城市的部分我们会常常去菜市场实现。菜市场的魅力就在于浓浓的市井气息，这是每天忙碌在写字楼里的我们很少接触到的。那些通过朴实劳动创造价值的人，他们诚挚的笑容会帮你打消所有工作的郁闷，找回最简单自然的生活态度。

冬阴功汤

早起对于年轻人来说，基本上就等同于牺牲睡眠。但暴走夫妇选择早起30分钟做高颜值快手早餐，吃完元气满满地上班去。这种心态上的满足比多睡30分钟获得的动力要大很多。

早餐远远没有想象的那么麻烦，大多数人要克服的不是上手的难度，而是懒惰。可以用于早餐的食谱大多很简单，

华夫饼、煎蛋、沙拉都是非常容易上手的，只要记得小火慢慢加热，不要心急，这样完全可以一边洗漱一边照看着炉灶。合理的时间安排可以帮你顺手搞定早餐，时间久了，你会发现吃早餐和不吃早餐的区别：虽然每顿早餐吃掉的食物不多，但是带给人的精神变化很大，因为你不再会拖着咕咕叫的肚子去上班，而是有一个好的状态投入工作中，工作效率也会有很高的提升。

对于很多年轻的夫妇，日常忙碌缩短了夫妻交流时间，久而久之，两个人的心态和价值观都已经发生了微妙的变化，心与心的距离也就开始产生。暴走夫妇合伙做早餐，创造出了许多额外的夫妻相处时间，可以聊聊个人的成长、工作的烦心事。这种看似日常的交流其实很重要，可以让夫妻双方知道对方每天的状态，两个人始终在同样的语境下沟通，即使遇到了问题，也可以

青木瓜沙拉

更高效地解决。

在这个移动互联网时代，每一个人的时间都被严重地碎片化。仔细想一想，多久没有安安静静，全身心地投入去做一件事了？当你专注于一件事的时候，大脑往往会更加集中，把你从繁杂的碎片化信息中解脱出来，获得更好的休整。毕竟有时候让人们感到疲惫的不仅仅是劳累，更是心累。

暴走夫妇也热爱在旅行中探寻美食的制作方法。去年我们在曼谷跨年旅行，报名参加了一家米其林三星餐厅的美食课程。一上午，来自不同国家的十多位学员从参观菜市场、购买原材料到学习理论、实操上手，认真学习了四五道经典泰国宫廷菜。这种体验式的旅行方式不仅可以得到更好的放松，还能深入到当地人的衣食住行里去，获得更加丰满的旅行体验。我们一度爱上了挑战制作不同菜系的饭菜：去东京旅行的时候学做寿司，去西双版纳学做傣族菜……

除了旅行路上的美食体验，平时周末我们也会挑战制作一些不同的食物：面包、午餐肉等。当然，难免会失败。尤其是做面包的时候，经常会因为控制不好温度和发酵效果而将面包做成了馒头。在下厨这件事里面，我们找到了很多

泰式火锅

乐趣，而这些乐趣都是非常独特的体验和回忆。

　　身边的朋友经常问，下厨的乐趣到底是什么？我们的答案是，做菜这件事让我们看到了自己身上的可能性。暴走夫妇原本都不怎么会做饭，但有着一颗强烈爱吃的心，在这种探索精神的鼓动下，照着网上的菜谱，一开始就像做实验一样，讲究配比、条件、环境，慢慢地摸索出了一些门道。两个父母手中的掌上明珠，在走向生活以后，独自面对很多选择和挑战，从什么也不会到成为可以快速组织家宴的好手，这其中的成长最令人欣慰。有时候可不可以不重要，愿不愿意才最重要。一个人曾经做的事情，决定了现在生活的样子。同样，现在做的事情，决定了未来是什么样。每一次看似简单的选择，都在决定着你的人生。所以，想做的事情要趁早，

否则无论自己变成什么样，不要感到意外。

　　家宴，以前听起来是非常遥远的话题，好像是妈妈们才会准备的东西。而如今，暴走夫妇步入而立之年，不再追逐漂泊洒脱的行踪，更能享受居家的平淡与幸福。只要是没有特别安排的周末好时光，我们都会召集朋友来家里做饭、吃饭。一开始不太熟知的人，也在一次次的饭菜交道中成为了极好的朋友。

　　以前在传统中国人的概念里，一起吃过饭的才能称得上是朋友，这是中国餐桌文化的基础。而家宴带给我们的是对"家"这个空间的理解，对家人和情感的理解：在陌生的大城市，总有一群人，需要在"家"这样轻松惬意的场景里卸下伪装和重负，慢慢靠近，相互倾诉和支撑，安然度过起起伏伏的艰难。

樊月姣

一线美食工作者，
前《悦食》编辑，
自由撰稿人。

男人们围着
饭桌团团转
才是好家宴

文_樊月姣

姥姥去世后，我没再吃过女人操持的家宴。

就像需要女人进厨房的时代，在姥姥那里终结了，我过早地进入了男人掌勺的世界。

身边的男性朋友，厨艺一个比一个高明，不会做饭就像毕业了就找不到好工作似的。这种环境，让我有很长一段时间，对不会做饭的异性另眼相看。这偏见恐怕已将我培养成一个没法接受真实性别状况的"怪胎"，走出这个"小天地"，是要被吓死、要被饿死的。

但还好此刻不用醒，睡着了做的梦，都是那几位散发着油烟味的男性完成的。他们在厨房里进进出出，切菜的声音像打击乐，掂勺像指挥。

在厨房挥汗如雨的男人，太帅气啦。

两年前，我去天府之国。那个地方，人人多长一个胃，多生一张嘴。到了那里，气息一感染，跟吃有关的器官，都成倍成倍长，人变成个行走的大嘴。我去参加几个朋友的家宴。掌勺的是三位男性。菜单精彩：掌中宝、箜饭、口水鸡、辣子鸡、回锅肉、豆苗汤……记不全，口水荡漾。

李不孬胖胖的，有点黑，曾经帅过。他做口水鸡。他在成都电视台做过档寻访美食的节目,在里面的人设是个爱开自己玩笑的"丑角",英文名 Not Bad Lee。后来做了买卖，卖很多跟吃有关的东西，其中有梅子酒，他自己想了很久梅子酒的广告语，越想越想哭，因为他想到自己的初恋了，最后这酒，就叫"初恋"梅子酒。

王九棠是早年混论坛的诗人。人间诗人。他写他生活过的牛佛镇的吃，镶边场的包子，供电所的泡粑、叶儿粑，油坊街的鸡婆头，黄桷树的豌豆粑，电影院的蒸饺，看得人口水直冒。

他早年在深圳打拼，是个辛苦的成都人，中年归来，差不多财务自由，想过过好日子，我去的时候，他正在中年享受天伦，每天在家陪孩子玩，做手工家具。他写得一手好毛笔字，说话很慢，拉腔的，话被打断就不说了，是个喜欢怀旧的大叔。他做辣子鸡。

九吃在四川是号人物。餐饮行业无人不知，是宣传民间餐饮最出名的媒体人。他每天忙得脚不沾地，全国各地，凡是有吃的事，全找九吃，九吃每天迎来送往，像四川食物信息中转站。

他做掌中宝，特意告诉我，掌中宝是鸡爪中间那块肉，鸡爪不够用啊。

蒋毅做了个特牛逼的品牌，叫豪虾传。他每天写日记，每天晒自己家门口的雾霾。因为话密，人称碎嘴哥。他没做耳熟能详的川菜，做了个农村才吃得到的笼饭，我实在要说，用豆角、腊肠、腊肉、豌豆做的笼饭，是我今生吃过最好吃的跟米有关的东西，没有之一。

还有些七七八八的小菜，我都不知道是怎么变出来的。我躺在沙发上刷手机，厨房重地也插不上手，没一会儿就上桌了。

那次去四川是公干，拍摄跟家宴相关话题，没想到，一不留神凑了一桌男人做的家宴。但由于年代参差，共同话题较少，是那次家宴唯一的遗憾。但我有一个方法，在陌生家宴上做一个不招人讨厌的客人，就是对每道菜都发自内心赞美——很多很多遍，直到对方不相信，都不好意思啦。

前一阵我工作忙翻天。好朋友心疼我，周末总叫我去他家吃饭。

他叫超。这位好友，感冒发着烧也要给大家做份大盘鸡，然后自己倒卧一边不吃一口。

他做饭的时候，谁也不可以进厨房。而且走高级唯美路线，饭端上桌，摆盘也完成了，摆盘是那种随便拍一张都可以在朋友圈炫耀的类型。

最优秀的是，他恨透了别人洗碗。让他做饭，也要让他收拾厨房。让他收拾厨房，还得让他洗碗!

啊哈哈哈哈,这是多么让人有压力的恶习啊,简直太难适应了,我们每位朋友,都只能承受着道德的谴责,勉为其难地接受。

他就是这么爱做饭,有天晚上,他在家呆得实在无聊,翻冰箱看到了南瓜。于是无聊着,就做了一份粉蒸肉。

去他家吃饭是这样,你只要负责带酒。有时甚至连酒都不用带,他还是个酒鬼,家里各种档次的酒摆了一柜子。

从餐前的烤白果到烤面包,正经主食海鲜饭,餐后果酱甜点,整个进食过程,一样快吃完了,他就变魔术一样掏出些小器具,当着你的面做点什么,果酱都是现场熬的哦,熬好了,他会像妈妈一样喂食到你嘴里,"尝尝看,酸不酸。"

他手里的搅拌棒和小锅,小锅下面的小火苗,都显得好幸福。只想做他手里的那只锅啊。

我们时常烦恼家宴完了以后,干什么好。如果活动安排得不好,宾客容易陷入尴尬,也会让家宴的乐趣打折扣。

如果没有一个百试不爽的数来宝人物,就得有好玩的。有次我办家宴,一个年轻姑娘建议大家玩"卧底",一轮又一轮,有两位特别讨厌桌游的人,显然不在状态。作为家宴组织者的我就一直愧疚到大家都离开,深深觉得自己是个"废物"。

为了避免这种废物感,就请认真想想集体活动吧!共同观影是一种,看完了还能集体讨论,只要选对了片,话题不断。像超、我以及其他几个同龄朋友就很好办,我们痴迷《请回答1988》。吃饱了,坐在地毯上,把这部看了一百八十遍的电视剧投在墙上。台词已经可以跟着念了,下一秒该哭还是笑,也无比熟悉。看着看着,有人喝高了,有人睡着了,有人被猫踩醒,惺忪着眼睛看看,天边已经泛起了鱼肚白。

还有一次和另一群朋友吃家宴,吃完也看电影。看的《荒蛮游戏》。啊,刺激,这部影片治好了某两位路怒女司机的路怒症,结尾的婚礼故事让每个人都瞠目结舌。看到我们震惊又痴迷的表情,选这部片子的房主应该很得意吧。

还有引发聊天的游戏。上周去郊区吃家宴,刚开始喝第一杯,就有人提议玩一

种按座次轮流提问下一位的游戏。不是，酒还没喝几口，谁要应付这种需要情商的游戏啊。人还没傻呢，我为啥要回答那些提问者丢来的、明明难以启齿的问题呢。这里有个温馨提示：此类游戏特别讲究节奏，酒过三巡再说啦。

我特别喜欢去"花边阅读"的主理人老侯家吃饭。可惜他太忙了。

第一次去时，他和妻子还住在胡同里。那是我羡慕至极的胡同，有自己的小院子，门前有棵树，会长果子。是什么果子我已经忘了，树下可以堆蜂窝煤，夏天的傍晚，老侯会招呼朋友在树下喝茶。

老侯做潮汕菜。鱼汤煮得白白的，里面放一种潮汕咸菜。他有时做潮汕菜，有时自创菜。去他家吃家宴的乐趣在于，还能听他讲讲胡同附近的菜市场当天的菜价，还有很多看得很开的人生道理。

他是非常早做公众号的那批人之一，起初会被当作不务正业，后来越做越好。妻子怀孕了，在胡同住了六年的夫妇俩终于搬出了五环，住进了楼房。

我又去他家吃饭。老侯做饭还是很快，伺候大肚婆像伺候女儿，这个不许吃，这个许吃。那时我正达到焦虑的巅峰，去找老侯取经。他告诉我："我早就开始焦虑，焦虑得睡不着觉，每天晚上失眠的时候起来听世界晚上发出的声音。"

听了之后我没有更焦虑，是的，我得习惯焦虑。

上个月，他们生了闺女。再去吃家宴的时间被无限期延后了。

我还有位男性好友，也是爱做饭到一个极致啦。中秋的时候，从前一天就催我去他家吃家宴。喂，我是没有家吗，为啥这种重要的团圆夜你就笃定我没地儿吃饭？嘿，您瞧瞧怎么着，没想到我还真没有，于是我还是去了。

他也是无需帮手型。但是他做好了，你得赶紧吃。他一大毛病，就是做饭特别快，你还没饿，饭都好了。他擅长做各种不需要卖相，味道特别好的乡土美食。调料要一大堆，家宴现场特别难收拾。

好在……他也特别不喜欢别人插手收拾这件事，可能是怕打坏他那几只看起来像乾隆十九年的潘家园市场 19 块淘回来的破碗吧。

他曾经因为迷恋《侠饭》，非要尝试里面的鸡脆骨饺子。自己去市场采购了一

Photo by Artur Rutkowski

堆材料后上我家包，冻了一冰箱。在接下来的半个月里，我不得不每天吃这部动漫里的饺子

　　他的家宴后活动不用太费力气想。他养了一条狗、一只猫、一只刺猬。狗喜欢吃一切人吃的东西，吃完就吐，吐得昏天黑地，然后以光速扑过去吃自己的呕吐物——要控制这样的一条狗，三个人已经不够了，还需要想别的游戏吗？更何况，还有真正可爱的刺猬和温顺的猫，其乐无穷。

　　在家宴时，问邻居借只猫吧。

　　毕竟，男人们都围着饭桌团团转了，女人们还不能假装得有爱心点儿么？愿饭都好吃，猫都乖，阿门。

小嘉

31岁，北京土著。自小耳濡目染京味文化与美食，15岁留学澳洲，受多元文化的洗礼和异国美食的熏陶，从此对中西方美食融合产生极大兴趣。完成学业之余，进修了西点与西餐的专业课程。留学十载终归祖国，平日忙着为家族里企业添砖加瓦，周末闲暇则更多为至亲好友置办佳肴。两壶小酒，一桌好菜，家人朋友喝酒谈天其乐融融。虽然职业与美食并不沾边，但民以食为天，吃得顺心，方可为工作生活不断续航。

杂志编辑，撰稿人。曾就职于《周末画报》，现为《悦食Epicure》编辑部主任。

张凡

小嘉
家宴吃了三十年

文_ 张凡

图_ 倪良

导语

在人们的既有印象里，"海归"这类年轻人，好像自从踏出国门那一刻起，就"背叛"了自己原来的口味，从此吃的不再是大米白面豆浆油条，而是必须靠沙拉牛排汉堡包才能喂饱了。可事实上，当越来越多的年轻人有机会出国长期生活，甚至留学年纪逐步从大学毕业提前到小学毕业，怎么在愈发国际化的环境里保留自己的传统，开始成了新一代家长的困惑。

其实孩子回来到底怎样，完全怨不得环境。曾在澳洲留学九年的小嘉，小时候吃爷爷做的饭长大，一大家子人把"逢年过节就要在家一起吃顿家宴"的传统坚持了几十年，他出国前是这样，回国后也没改变。外国的生活习惯并没让他和家人彼此"水土不服"，反而是接触西餐得到的经验，成了他为家宴出力时的新灵感，让家宴"与时俱进"。都说不断进化的传统才是真正有生命力的传统，这件事儿，在小嘉家里实现了。

"大年三十，晚饭必须在家吃"

小嘉的家宴故事，要从爷爷那一辈儿说起。

小嘉是个土生土长的北京人，直到十几岁出国前，都跟全家人生

家庭自制馒头和花卷

活在北京，所以所有的饮食习惯也全都是北京的规矩。他最开始养成对食物的概念，是爷爷教的。从小到大，不管外面的饮食风潮有什么改变，每年小嘉的生日餐桌上，都一定会有一盘自己家蒸的大白馒头——"之前我们跟爷爷奶奶一起住，一过生日，爷爷就给我做生日宴，有几个主菜是肯定要做的，印象最深的就是蒸大馒头，特别圆特别大，现在我们家每周也都要在家蒸馒头。"

小嘉今年31岁，从他有记忆以来，爷爷家就有个不成文的规定：逢年过节要回家吃饭。"春节、端午、中秋这样的法定节假日就不说了，哪怕一些节日只能倒休，我们也会抽一天时间，甚至前年赶上'反法西斯70周年庆典'这种凭空冒出来的假期，我们也会回家聚

一下。"和其他家庭大家各干各的不同，在小嘉这个大家族里，爸爸和两个兄弟一起经营着一家物流公司，算是家族企业。血缘上最亲的人就是事业上最重要的合伙人，但因为分散在首都机场和亦庄两个相距甚远的办公室，"同事"也不能经常碰面，所以爷爷家的家宴就成了凑齐一家人的最佳时机。

最重要的家宴当然是在春节那天。"一到大年三十，谁都不许出去，晚饭必须在家吃。"哪怕前些年流行年夜饭在饭馆各大饭店吃，他们顺应潮流也尝试过，但还是觉得菜和气氛都不对味儿，于是现在把习惯改成了中午出去吃，晚上还要回家做，吃完饭看春晚、喝酒聊天、包饺子，一起熬到十二点出门放炮，这个年才算圆满过完。

至于其他日子的家宴，也没含糊过。在小嘉家里，有家宴的一天是这样度过的：中午先聚在一起热热闹闹吃一顿，下午陪爷爷奶奶打牌聊天，等阿姨刚把厨房收拾干净，转眼掌勺的爸爸又要走进厨房做晚饭了——这一整天聚在一起，本就是公司同事的叔叔、大爷们，当然不可避免会聊到公事，毕竟"家事和公事已经分不开了"，但也并不会因为挣钱而耽误了和老人的相处。"我们这一家人真的比较爱聚在一起，大家还是比较和睦。"都说原生家庭对一个人的影响大，小嘉身上的平和淡定，

或许就来自这个大家庭，有什么事儿是不能坐下来吃一顿饭解决的？

"离不了爷爷奶奶做的三大锅"

至于在这么有仪式感的团圆饭上吃什么，则是一家人各显神通的大好时机，他们的拿手菜少了哪一道都不行。

"首先三大锅是离不了的，而且必须是爷爷奶奶做的。"每个节假日的时令不同，菜色也会有所差别，拿春节来说，最重要的压轴菜要算爷爷奶奶掌勺的三大锅：爷爷炖一锅牛肉和一锅猪肉，奶奶炖一锅鱼。"我爸说过，他们毕竟岁数大了，以后别那么麻烦了，但试了两回，爷爷奶奶还是说你们做的味道没我们做的好。"于是"掌勺权"又回到了老人手里。

小嘉的爷爷在20世纪初从河北来到北京，从给解放军运物资做起，这也就奠定了一家人口味的基础——大家都是地道的北方人，给胃口"打底"的是北方家常菜。哪怕现在物流能力提高、物质丰富了，餐桌上的主菜也还是那些经典，都是大家从小吃着长大的，有共同回忆，跟钱无关。"我的理解是，家宴就是大家团聚在一起，得到彼此的认可。大家把做的菜都吃光了，然后说今天哪个菜做得特别好吃，哪个稍微咸了点儿，有褒有贬，这种属于自己家庭的感觉是不一样的。"

而小嘉的爸爸，则是父辈这一代里在烹饪上的领军人物。爸爸给小嘉讲过自己在厨艺上的一段辉煌历史：十几岁的时候，就能给亲戚

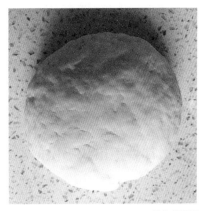

祖传老面肥

在农村摆的结婚流水席帮厨。虽然在小嘉看来，"我估计有一定的虚构成分"，但他承认亲眼见过爸爸拿柴锅烧菜的功底，"回老家有砖砌的灶头，那一口锅比桌子还大，三条大鲤鱼，光是往锅里蓄水就两个暖壶，他好像很随性地拿糖抓盐倒酱一气呵成，但最后做出来的味道真不错，这种饭我是做不了的。"

现在在爷爷家，家宴主要掌勺的也还是爸爸。爸爸的口味跟爷爷差不多，甚至跟爷爷一样爱蒸馒头："我家的馒头是用一块儿老面肥发的，每周蒸一回，不锈钢盆发满满的一盆面，蒸7个花卷、5个馒头，我父亲一周正好吃完，外面买不到这个味道的，他曾经去南方出差的时候还带了些去。"虽然小嘉现在是个爱米饭胜过爱馒头的人，在最根本的口味上跟父亲有了些许差异，但说起家里吃饭的"仪式感"，他也能理解父亲的习惯。后来这样的理解渐渐从馒头延伸到了其他菜上，尤其在小嘉留学回来之后，他也学会了做饭，甚至会做地道的西餐了，但在家宴的厨房里，主厨头衔还是爸爸的，他在跟爸爸妈妈的小家里不断有新鲜尝试，但在爷爷家，爸爸说了算。

"怎么都炒不出我妈做的那个味儿"

相对于爷爷和爸爸对做饭的钻研是从个人爱好出发，小嘉走进厨房，则多了一点儿"生存所迫"的因素。

15岁，他被送到澳洲留学。当时汇率高，随便一盒炒饭在悉尼就要卖5.5澳币，折合人民币三十多块——而在十几年前的北京，这个价钱足够在馆子里吃一顿还不错的正经饭了。于是为了不跟从小家里的饮食标准相距太远，他迈出了学做饭的第一步，从最普通的，妈妈经常当早点做给他的炒饭开始。

"炒饭看起来特别简单，葱花炝锅炒鸡蛋，鸡蛋差不多熟了盛出来，再放一点油炒米饭，最后把鸡蛋倒回去炒炒就能出锅，但一到我自己炒，就怎么都炒不出我妈做的那个喷香味儿。"借着假期回国的机会，小嘉特意请妈妈演示给自己看，发现了其中诀窍："我妈是把鸡蛋炒散之后直接放米饭，然后淋一点点水，让米饭稍稍湿润，所以她炒出来的饭最后能压成一整碗的形状，而我炒的是碎的。而且我先放葱花，我妈是出锅前再放葱花，所以我炒出来的葱花有点焦，最重要是少了葱香的味道。"这些细微的差别并不影响填饱肚子的基本需求，但从小被爷爷和爸爸的手艺养出的味蕾，让他没法像其他留学生那样糊弄自己，所以从这道炒饭开始，他成了家里的第三代主厨，渐渐比爷爷和爸爸走得更远，甚至在正常学业之外，用一年半的时间去大学里读了一个酒店管理的文凭，不为赚钱就业，就为精进厨艺。

"课程分两部分，一个西餐，一个西点，我的同班同学后来真有去酒店后厨当厨师的！"虽然并没有酒店需要小嘉去管理，但为了学烹饪，他还是"啃"下了那个课程里的所有科目。"每天上午4小时的理论课，外加下午4小时的实践课"，这样一个额外"自找"的学习项目，甚至比坐在图书馆写论文还累。

好在坚持下来，总算得到了收获。从最基础的纸杯蛋糕起步，小嘉踏上了西餐的烹饪之旅，后来又逐渐掌握了法餐、意餐的经典菜品制作方法，不再是那个连炒一碗米饭都需要远程求助妈妈指导的悲惨留学生。后来回到北京，小嘉甚至还出于爱好，在家族公司的工作之外，参与过一家芬兰餐厅的筹备经营，从装修开始到选料和定菜单都亲力亲为。直到现在，他也承认心里还有个开家餐厅的梦想——不过暂时这还是只是个心愿，无知者无畏，但真试过了才知道个中各种艰难，而且既然不为赚钱，那才会要求更高，所以在开店条件没达到他心中标准的时候，他也不打算逞强，先给家人做饭，对他来说也是幸福感的来源。

风味烤青口贝

"在海鳗打结之前把它拍晕"

有个说法是，如果你爱一件事，那么视线所及的范围里，看到的都是那件事。把这句话放在小嘉对厨艺的态度上特别恰当，虽然在时间分配上，做饭并没占据他工作之外的全部生活，但自从开始做饭，任何能精进厨艺的大小机会，他都没有放过。

还是在留学的时候，超市里 10 澳币一只的烤鸡，卖不出去，晚上打折就能降到 2~3 块澳币，于是小嘉就和朋友专门等到那时再去大采购，但吃着吃着，他就开始琢磨怎么改良了："可以改成鸡丝凉面或者辣炒鸡丝！"中国人吃鸡，喜欢鸡腿或鸡翅这样的"活动部位"，但整只鸡

买回来，最多的还是大块大块的鸡胸肉，直接吃难以下咽，扔了又舍不得，所以小嘉借题发挥，把鸡胸肉一条一条撕成鸡丝，再借点儿湖南朋友带来的辣椒——"炒完以把鸡肉完全炒干后撒点儿盐，特别香，就跟外面做的辣子鸡一个味道！"

就在这种"艰苦环境"下为了"改善生活"，拓展出了更多觅食的可能性。小嘉听留学生前辈们说，只需要从鱼店买些简单的渔具和一天的捕鱼证，甚至连鱼竿都不需要，退潮的时候在很多公共海滩的岩石区是可以钓到鱼的，尤其是海鳗特别多。"海鳗特别有气节，一旦它被钓上来，知道回不去了，就会把自己打成一个结，那样肉紧了就不好吃了，所以要在它打结之前

把它拍晕！"现在说起当初怎么对付这些从大自然寻来的原始食材，小嘉还能头头是道地回想起每个细节，就像漂流到海岛上的鲁滨逊，满足了最初的生存需求，自然会不断提升技能，让自己过上质量更高的生活。

正是在澳洲这么"无所不用其极"地尝试做饭的经历，让小嘉觉得自己还有很大的提升空间。除了跟酒店管理专业的大厨老师学，他甚至把每个可能教自己的人都当成师傅，才练就了现在"中西合璧"，什么菜都能做一点儿的功夫，超越了爷爷和爸爸只专长北方

菜系的家族传统。

比如身边朋友来探亲的家长，都能成为他的"一菜之师"。"当时我跟一个重庆朋友一起住，他爸爸来陪读三个月，没事儿干就给我们做饭吃。那个叔叔去之前特意跑到重庆的餐厅学做饭，花钱找厨师买配方，他做的鸡蛋羹特别好，所以我就跟他学来了。"和蛋炒饭一样，虽然谁都会蒸鸡蛋羹，但家里做的总跟饭馆做的不一样。跟那位叔叔讨教，小嘉才知道原来生鸡蛋里藏着两段白色的小骨头，像虾线一样，需要挑出来，去掉之后蒸蛋就不腥了。还有打鸡蛋要用温水，

加水的比例、蒸蛋的时间，都有很科学的讲究——这些都不是日常生活中凭经验能掌握的，所以学会之后，现在家里这道菜的主厨就成了他。对小嘉来说，虽然这些都只是一道菜一道菜的进步，但既然不急着盖一栋大楼，那么一块砖一块砖地慢慢垒，扎实。

"不确定性会很好玩"

如果说爷爷和爸爸构建了家宴的基础 1.0 版，小嘉融入留学那几年学到的做菜技术是 2.0 版，那他这几年在细节上的精进，就是在让这个已经拥

和家人吃饭

有几十年传统的家宴，产生了再次升级的可能性。

目前的家宴，主厨还是爸爸。爸爸更擅长这种给十多个人做菜的"大场面"，对把握食材的用量和时间更有经验，做起家里人吃惯了的那些经典菜也驾轻就熟。而小嘉对菜品的精雕细琢，在他看来其实不是那么适合掌勺爷爷家的家宴，因为他"只能做三五个朋友吃的菜"。相对于爸爸那种根据食材进行现场发挥的"写意派"，小嘉身上更有点儿"学院派"科班出身的严谨做派：做饭之前，他会事先列好菜单，兼顾前菜、主菜、甜品甚至饮品的口味搭配，如果有一天他真坐上"主厨"的位置，或许能给家宴来一次从里到外的彻底变革。

譬如最近几年很流行的食器和摆盘，都在他做一顿饭时需要考虑的清单里。自己学做饭之后，他每次出去吃饭都格外注意餐厅的细节，经常发现就算赫赫有名的老字号也不够讲究，所有菜品都用一模一样的白色圆盘端上来。"西餐人家做得好不好吃另说，但至少摆盘是花了心思的，不是一盘菜炒出来，往这儿一堆就完了。"就连去日本玩儿也不忘了买餐具，"它们都是手工做的，每件都是孤品，烧窑的时候存在着不确定性，就会很好玩。"……

他还一直在探索口味的边界。除了留学时学了西餐、跟不同省份的朋友学当地特色菜，就连和女朋友出去旅游，也是他"考察"当地餐饮市场的途径。"在南方，比如厦门、漳州，或者海南这样的地方，你能在市场里吃到一些当地人的小吃，都是小作坊做的，这些东西的名气没有大到能传到北京来，但当地家家户户都这么吃，这些东西是我觉得非常值得探索的。"中秋节做月饼，他端出来的也不是传统的五仁或者蛋黄月饼，而是港式的冰皮月饼，加了自己调的芝士奶黄馅儿。有很多家庭对自己习

天台种的朝天椒

惯之外的饮食被长辈接受，其实是那些"入侵"过于突如其来，才会把本来可以共存的选择变得势不两立。在小嘉家里，爸爸或爷爷不会盲目"排外"，很大一个原因就是有小嘉这个"中转站"。

总有人喜欢用简单的标签来衡量一个人，"海归"，甚至半开玩笑的"家族企业继承人"，确实都是小嘉自身的特质，但这并不意味着他的生活就被限制在外界对这些标签的想象里。对小嘉来说，丰富的经历和充裕的物质当然是好事，可以让他在做菜时不给自己设限，也不必顾虑金钱，比如想吃刺身了，除了可以去超市买本地货，还有个选择是"直接从机场口岸那边拿一条刚下飞机的冰鲜三文鱼过来"——但也不会因此拘泥在任何"标签"里。

口味是回忆的奠基石，不因长大后的经历背叛自己最初的味觉记忆，才是一个人坦诚面对自己的根本。而对小嘉来说，这根牵着他，不管他飞到任何地方，也能一拉就让他回来的线，就是这顿摆了几十年的家宴。

⇒ 小嘉的菜单 ⇐

⟞⟝ 冷盘 ⟞⟝

❶ 私家五香熏鱼

提前做好的，由江浙版五香熏鱼的做法为基础，降低了糖量，以大火收干所有汤汁，然后干烧的方式代替熏制的过程，使成品更健康化、家常化。

❷ 芥味鲜虾沙律

以白虾作为原料，调制日式青芥沙拉汁，将白虾白灼后沾入并在外面裹燕麦片，佐白灼西兰花或芦笋作为配菜。

❸ 田园青草沙拉

以时令蔬菜—大叶生菜、紫生菜、苦苣、紫洋葱、芝麻香、橄榄、酸黄瓜、蓝莓干等，佐自制油醋汁和帕玛森芝士碎。

主菜

❶ 酸甜蜜汁脆皮虾

大青虾开背裹粉炸至焦黄酥脆，调酸甜蜜汁，翻炒裹匀。

❷ 风味烤青口贝

鲜虾鱿鱼肉切丁剁碎，拌以自制沙律酱，伴青口贝柱填入青口贝壳，撒马苏里拉奶酪，焗至金黄。

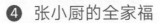

❸ 孜然麻辣烤猪手

提前用秘制老汤卤好的猪脚，加以孜然、辣椒、川麻椒调味入烤箱，低温烤制胶质感。

❹ 张小厨的全家福

白菜萝卜垫砂锅底，铺鲜虾、咸肉、香菇、蛋饺、鱼丸、鲜笋，浇老母鸡汤慢炖，汤菜结合，无油少盐。

主食

紫苏海苔手抓饭

选用大米和燕麦煮好的新鲜米饭，拌入切碎的紫苏（自己种植），海苔，芝麻和松子等坚果碎，调味，塑形成小圆球状，营养健康。

甜品

黄油曲奇 + 水果拼盘

预先烤制的草莓黄油曲奇配以时令水果和餐后咖啡或红茶。

饮料酒水

青柠 Mojito

采用泰国新鲜青柠，自己种植的新鲜薄荷叶调制，可做无酒精版饮料。

啤酒或红酒

柴鑫 主厨

现为北京瑰丽酒店乡味小厨中餐厅 (Country Kitchen)主厨。2010至2012年期间担任印度新德里凯悦酒店的厨师长。在此之前，曾于北京东方君悦大酒店的长安壹号中餐厅担任副厨师长一职七年。

在家做饭
为的是家人高兴

文_ 陈湘浙

图_ 毛振宇

做中餐主厨的生涯，从早上六点到夜里十点，披星戴月地奔波在外。逢上团圆佳节，正值餐厅大忙，一天都在为别人家准备宴席中度过。柴鑫没有很多时间陪伴家人。

本以为高级餐厅的主厨，在家做饭也应该是花样百出、精雕细琢，但柴鑫坦言，在家做得最多的就是打卤面，因为妻子爱吃。"在家吃饭就图个简单、健康。"很少听说主厨在家做饭还要洗碗，而这些都让柴鑫承包了。"我拿媳妇当闺女养的。"他戏称。

妻子是健身爱好者，日常饮食简单随意，烤鸡胸肉可能是吃得最多的荤菜。不擅长厨艺的她偶尔照着网上的菜谱给柴鑫做一些新奇的食物。最令柴鑫印象深刻的就是一道西红柿牛油果拌荞麦面："当时是夏天，那个吃起来酸酸甜甜的，还不错。"

到了周末，柴师傅一定会带着妻子驱车前往郊区父母家，和他们吃顿家常饭。"老丈人爱吃鱼，我就想着结合这边的特色做了个腊八蒜烧黄鱼。"餐厅很多的创新菜都源自柴鑫和家人的相处日常。提起第一次去老丈人家如何表现自己的时候，柴鑫说，就直接上厨房做饭去了。

可能这就是作为厨师最为隐蔽的"必杀技"，不必过多言语，所有的诚意都在菜里。但到了柴鑫父母家，他们一般不让他下厨。"心疼孩子嘛，父母的手艺虽然说不上多好，但都是熟悉的味道。"

1981年出生的柴鑫，前不久刚刚在家中过了自己第36个生日，一个五星级酒店的主厨，生日餐居然是一碗西红柿鸡蛋打卤面。"还卧了俩鸡蛋。"柴鑫腼腆地笑了笑。真够费鸡蛋的。

在柴鑫眼里，食物的底色一直是自然、本真："食物吃到嘴里就是为了好吃，不需要过多点缀。"小时候父母工作繁忙，三餐过时不候。贪玩的柴鑫总会错过饭点，只好自己动手煮鸡蛋。吃腻了煮鸡蛋，母亲就教他做荷包蛋、摊鸡蛋，鸡蛋摊得好了也不吝夸奖他，小孩子对此十分受用："原来会做饭就可以受到夸奖。"

对于美食，柴鑫可能先天就有一种亲切感。他的太爷爷曾在京城主理点心铺，手底下光打点琐事的伙计就有三百余人。而姑父是国宴厨师，负责国家一批科学家的吃食，常年驻外工作。小时候在柴鑫眼里，姑父一行人动辄乌泱泱出国去，好不羡慕。受到这样的家庭氛围熏陶，踏上学厨之路似乎并不令人意外。

1999 年，柴鑫正式入行，跟着师傅学做粤菜。南方的饮食风气刮向北方大地，是从改革开放以后南方逐渐大热开始的。直到九十年代末，京城追捧粤菜的热度仍不减。2003 年，做了四

年粤菜的柴鑫去东方君悦酒店下设的长安壹号餐厅面试，师傅拒绝让他展示粤菜手艺："作为北京人，你应该去做咱们自己地道的北京菜，把咱们北京自己的东西展现给更多人。如果你愿意去改变，你就加入我的团队。"

柴鑫这一做，就是十四年。

柴鑫目前工作的地方位于朝阳区的中心，越过车水马龙，踏入餐厅的那一刻仿佛时光倒流。餐厅墙壁均由从北京郊区收集而来的老房古砖搭建而成，并用陶瓦、柴火炉和乡土陶器加以点缀，光线温暖柔和，气氛颇为温馨。用餐区可俯瞰车水马龙的城市中心，将"大

裤衩"尽收眼底，屋内屋外仅仅间隔一道玻璃，却恍若两个世界。乡味小厨主打北方家乡风味美食，正是柴鑫最擅长的料理风格。

在柴鑫的印象中，小时候家里的吃食都由奶奶一手操办。到了什么季节该吃什么东西，奶奶心里明镜似的。"比

如冬天，咱们家规定吃饺子必须就蒜。但其实不同的蒜也有不同的做法，像紫皮蒜就用来做腊八蒜，白皮蒜用来做糖蒜。"

奶奶会在冬天来临之前准备番茄罐头：把番茄连皮切块儿煮熟，晾凉后放进玻璃瓶子里封存。也会提前晒好一些茄子、萝卜、白菜干儿。到了冬天，大雪封路，蔬果的身影都消失不见，这时把番茄取出来，把蔬菜干拿热水泡发了，又能焕发出一种新的滋味。

那时家里还摆放着许多酱菜坛子，都是奶奶做的酱菜。"黄酱酱一切"是典型的老北京做法。柴鑫曾在餐厅试着用黄酱炒小黄瓜，这道有奶奶味道的"酱爆黄瓜"出乎意料地受到食客追捧。也许来吃饭的人们不仅仅是被捕获了味蕾，更多的是唤起了一种味觉记忆。

如今食材不再像从前那样受时节限制，尤其在北京这样的大都市，获取丰富食材的便利程度几乎令人四肢荒废。不过柴鑫有他的坚持："时代前进是好事，但一定要在对的季节吃对的东西。"

好不容易有假期的时候，柴鑫也会适当放松自己。出生内陆，所以爱去海边；喜欢吃日本的怀石料理，觉得很有传统的"仪式感"。这部分跟工作没有关系，是完全属于他自己的。也有因为工作需要而去一些地方采风，例如之前去了西安。

那趟采风让他发现了一件很好玩的事情：当地吃羊肉泡馍需要自己动手掰馍，而饭店的厨师则会根据碎馍的状态给出不同的肉片数。"一看掰得好的就是懂行的，自然就多给几片肉。"这大概是个性厨师和老饕食客高山流水的特殊方式。"到那儿你会发现街头巷尾的烟火味很重，不管在哪里干什么，可能都有人手里拿着一块馍在细细掰着。"听柴师傅说这些，画面感很强，手工掰馍这一姿势顿时变得虔诚起来，人们在辛

勤工作之余时刻惦记着一口吃食，的确很可爱。

"其实北京人也很讲究吃。"柴鑫介绍老北京烤肉有文吃、武吃两种吃法。武吃的典型场景得一条腿站着，另一条腿则跨在凳子上，一手拿盘子一手拿肉，吃嗨了再来碗酒。

文吃则例如炙子烤肉中的一道"海中捞月"式吃法：烧热的炙子上码上羊肉，围成一个圈，往圈里打上一颗鸡蛋，再趁热把肉片裹上蛋液吃。

乡味小厨餐厅里就有一道很能体现"北京人讲究吃"的美食——炉灶肉。须挑选一到两岁的猪腹部口感最好的五花肉，用十几种香料腌制，再用果木烤制，之后切成片，用酸菜煮着吃。其实酸菜白肉里的肉是需要烤制的，但因为现

在烤制的难度高了，一般人做不来，就直接切了炖着吃。"这个本来失传了，是我和一些同行师傅闲聊聊出来，然后按照线索把方子复原的。"柴师傅脸上划过一丝得意。

每个厨师都有他感到自豪的地方，对柴鑫而言，主厨的身份从工作到生活一直交错进行着。在餐厅，他期待顾客的好评。而在家里，有时可能只要家人一个满意的笑容就足够。

用他的话说，"毕竟在家做饭为的是家人高兴，谁也不是真爱干活啊。"

（鸣谢北京瑰丽酒店）

主厨Addison Liew

北京华尔道夫酒店鸢尾宫1893餐厅法餐主厨。来自马来西亚，精通英语、普通话与粤语。年轻活力，热爱旅行。早年供职于新加坡和北京的莱福士酒店高级法餐厅。曾先后于Pourcel兄弟名下、米其林星级餐厅L'Auberge de la Charme和Le Jardin des Sens接受厨艺培训。后受邀加入香港文华东方酒店的米其林二星餐厅Pierre Gagnaire及米其林三星餐厅Joel Robuchon。随后在澳门的米其林二星餐厅Guillaume Gailliot供职五年。

马籍华裔法餐主厨的三国食味

文_ 陈湘浙

Addison Liew 是北京华尔道夫酒店鸢尾宫 1893 餐厅的新晋法餐主厨，和全世界所有的主厨一样，Addison 的工作时间要精确到秒，自己用餐的时间完全随机。但"不工作的时候也一定要亲手做饭给自己吃"是他在家用餐的信条。

说是"家"，其实 Addison 在外工作时一般住在公司提供的住所，偶尔会有室友，但大部分时间是独自一人。面条、饺子、酸奶是他一人食喜欢的食物前三名。其实他觉得吃什么都可以，下班以后整个人都放松了，那个时间吃点安逸、舒服的东西就行，他并不挑剔。但第一次在后厨见到同事拿饺子蘸醋的时候，Addisson 惊了："吃饺子怎么能只蘸醋呢！"他立刻到中餐厨师那里拿来了一些调料："辣椒酱、香菜、蒜蓉……这些是一定要放的，我喜欢。"

这种听起来略重的口味，来自从小在家吃饭的习惯。Addison 是马来西亚华裔，祖上从广东东莞迁去了马来西亚，现在他们家族居住在怡保。从踏上学厨之路起到现在已有十四余年，Addison 一直辗转全球各地工作。

已过而立之年尚未成家，但他说他一直把"家"随身携带在自己的背包里："我每次回家都要带上，可能十几包肉骨茶、几罐辣椒酱这样。"Addison 祖上原是客家人，擅长料理。他们家有一道祖传酿制黄酒的秘方。每每想念这一口味道，他就会给妈妈打电话。一般要提前几个月"预订"。等到黄酒成熟时，他就会按捺不住回家看看。

迁徙使原来的饮食习惯因地制宜地增添了许多新的风味。马来西亚有一种气味特别的豆子，名叫"臭豆"。从小 Addison 家人教导他说，"臭豆利尿，吃了健康"。被问起孤身在外最想念的一口味道，Addison 便说是臭豆，时刻都想吃，能吃到就会很开心。那是一口代表着熟悉和安全感的味道。为了让工作接触到的食客也能感受到马来西亚风味，他还特意将家里最常喝到的"叻沙"汤改造后用来搭配龙虾，加入法餐菜单中，受到不少好评。真心热爱某样东西，逢人就想把这份美好分享给对方，这是 Addison 身上很明显的一个特质。

比如看电影，Addison 认为对他来说最有趣的部分一定是和同行的人交换感想，如果只是独自欣赏却无从分享，心情就会不太美丽。并不是因为话痨，即便问他这些年对工作过的国家和地区不同食客的印象，他也是从沟通交流是否顺畅的角度回忆。据他自己描述，从小家里就是一大家子人，干什么都在一起，热热闹闹。充分的陪伴和宽松的空间让每个成员有足够的勇气和意愿表达、沟通，这是和谐的家庭带给人很温暖的部分。

在世界各地辗转，Addison 像一颗海绵一样，到哪里都自动接收一切新鲜事物。"我经常会在脑子里想啊、构思啊，就像完成一个人的旅行一样。"双鱼座的脑洞不可小觑，Addison 创意满满而且很会揣摩人心，擅长主动提供谈话者想要获得的信息，常常在你想要发问的前一刻就已经把话题自动延伸下去，丝毫不会冷场。在现在工作的鸢尾宫 1893 餐厅，有一块属于 Addison 和食客的 Chef Table。在这里，他完成厨艺展示和与食客的交流，这是在餐厅用餐的固定环节。而更多时候，他只需要站在一个视角开阔的角落，就能完成对当天食客用餐状态的扫描。"谁吃得开心了，或者哪里有不满意、不对劲的地方，我都能很快察觉到。"Addison 略带骄傲，像一个穿着厨师工作服的福尔摩斯。

Addisson 的状态很奇妙。做法餐本身是一件很精致的事情，他可以敬业到极致，履历表拿出来立刻熠熠生辉的那种。听他说起法餐文化，地道的珍贵食材、考究的烹饪手法，别具一格的创意，仿佛自动戴上一层光环。但聊到个人的状态，他又立刻回到很温暖质朴的样子。

在马来西亚的家中，Addison 一家很喜欢聚在一起吃饭。从前多是由妈妈一手操办，其他人帮厨。一顿家宴由大家齐心协力共同完成，全部食材采用当地应季新鲜食材，这是妈妈为家人的和谐、健康着想的下厨准则。

现在 Addison 工作闲暇之余回到家，不时也会操持起一大家的家宴，不是作为"知名法餐主厨"，而是作为家里的长子必须为家宴出力，在家里没有人给你戴上光环，你只是你。Addison 自己也不会像工作时严格把控主场，而是与家人一同参与。不过在马来西亚的家中做饭真是一个体力活，热带地区常年高温，做一顿饭等于洗两次澡。Addison 最喜欢在家吃完饭以后任意瘫在舒服的地方，家中宽敞通风，穿堂风带来的凉爽和惬意岂是一个自在了得。

Addison 第一次拿起炒勺大概在七八岁的时候。妈妈要求他作为家里的老大，言行举止要给弟妹树立榜样。华人家庭的传统文化，即便在移民数十年后仍然保留下来。难得的是他并不抗拒，"做小帮厨嘛，我 OK 的"。踏上正式学厨之路并不梦幻，Addison 起初也没有想过会主理法餐。在新加坡工作时被主厨安排到法餐部，他也欣然接受了，"一开始就是想学西餐嘛，法餐也 OK 的。"Addison 的"我 OK 的"像一句口头禅，在别人认为命运的十字路口他从未过多思索，有一种笃信自己能把控方向的

自信。不过有时候没有安排可能就是上天最好的安排。好学的 Addison 逐渐发现了法餐文化里吸引他的地方并一步步爱上。"做喜欢的事情没有坚持一说。"十四年的法餐生涯，将职业精神发挥到极致，去掉匠气，剩下的是笃定而浓厚的感情。他喜欢自然、本真的一切，在法餐里这些他都能一一实现。

最近 Addison 的脑海里开始有一些具体的画面，成家是列在计划表上一定会实现的一条。家庭给了他太多的滋养，如果人生有机会自己建立起一个家，他说他会好好管理家里的厨房，留出足够的时间陪伴家人。这其中最重要的一条就是，不管工作多忙都一定要回家吃饭。

（鸣谢北京华尔道夫酒店）

Addison Liew的私人菜单

Stir-Fried Petai with Minced Pork
臭豆炒肉碎

for 4 persons
四人份

 材料

-臭豆 200克
-猪肉碎 250克
-干葱碎 50克
-蒜碎 50克
-虾米碎 50克
-虾仁 100克
-森巴辣椒酱 80克
-蒜蓉辣椒酱 80克
-蚝油 40克
-生抽15毫升

 做法

1.在炒锅热一些花生油把肉碎、干葱碎、蒜碎、虾米碎,以温火炒香。

2.加入两种辣椒酱继续以温火多炒5分钟。

3.然后加入虾仁及洗好的臭豆以大火一起炒一分钟;加少许水盖上锅盖大概两分钟,主要把臭豆煮熟。

4.最后加蚝油,生抽调味即可。

Wok- Fried Tomato Baked beans with Organic Egg
番茄焗豆炒蛋

for 4 persons
四人份

 材料

-马来西亚"雄鸡牌"番茄焗豆 1罐
-鸡蛋 4颗
-Henz番茄酱 150克
-细糖 25克
-生抽 20毫升
-盐 2克
-胡椒 1克

 做法

1.把鸡蛋敲开以盐和胡椒调味,搅拌均匀,备煎。
2.平底锅里加橄榄油预热,煎蛋并把蛋搅碎。
3.把罐头焗豆加入鸡蛋里一起拌炒一分钟,调至温火,加Henz 番茄酱、糖和生抽调味。
4.加少量水继续温火煮两分钟即可。

Jonathan

中文名李旭平,美中越混血,在巴黎出生长大,在伦敦香港工作过,在北大学习,去过43个国家,会8国语言,法国甜品厨师,主持人,模特儿,游泳员。

90后金融精英的
双面人生

文_ 木小偶
图_ 彭颖露

Jonathan，90后，去过43个国家，会8国语言，曾跟股神巴菲特一起共进午餐，探讨过世界经济未来的走向。工作时，他在全世界飞来飞去，忙得恨不得把自己掰成几瓣。周末则换了一种身份，做家宴，创新甜品，这时他是一个安静温暖的厨师、甜点师。这就是他的双面生活，分裂感正是他需要的。朋友们说，Jonathan像是美食圈的007，是潜伏在宴席之中的"金融分子"。

这次的家宴为30个人准备，主厨是Jonathan和另外一位来自德国的希腊人安娜。初冬，北京天干物燥，一切高远明朗，席间还有几个孩子，冷冽冬日尤其需要一点暖意的基调，Jonathan琢磨几番后，确定了四个菜单：黑松露巧克力球、法国传统甜品、西班牙海鲜饭、橙子蛋糕。

Jonathan专注做菜时候，有一种特别的魅力，总会吸引各年龄层女性围观，老少皆宜。曾有430万人围观他的厨房视频直播，只为看他一丝不苟做饭的样子。有人直接说他的样子"人神共愤"。在商业社会，颜值也会成为一顿饭里的调味品，Jonathan对"小鲜肉"这样的说法，一笑置之，他知道在一种名利场里生存哲学，让自己亢奋又显得不过头，像一只全身蓄力随时准备跃起的猫，安静，又有点野性。

黑松露巧克力球，这是一款可以全家一起做的美食，来自在巴黎居住的父母的经典配方，父母做了很多次，尤喜咸一点儿的口味。

Jonathan来自一个高度混血的家庭。父亲祖籍中国潮州，在柬埔寨长大，因战乱旅居巴黎。1990年，父亲第一次遇见母亲，在巴

和妈妈一起做饭

黎的一家 KTV 里。有相似背景经历的母亲，六岁就离开越南，在巴黎和一群地中海的摩洛哥人一起长大，两人在 KTV 一见倾心。两年后诞下一个孩子，就是 Jonathan 了。

Jonathan 成长的每一天就像一个绚烂的多色盘，中国菜、泰国菜、越南菜、意大利菜、西班牙菜、法国菜、地中海菜、Paella 等轮番上阵。周末全家五个人则吃 Brunch，祖籍潮州的爸爸做潮州点心、虾饺、油条、蛋糕、中国甜品等，妈妈则会拿出杀手锏：越南甜品、东南亚众多美食小吃，还有摩洛哥人教会她很多传统摩洛哥菜。这种文化大杂烩，让 Jonathan 饮食系统异常庞杂，也让他对食物食材的敏感，更加开阔。在饮食上，他真是吃过"百家饭"。

他对做菜一直怀有好奇，在法国巴黎三区唐人街，每年春节，华人们一起吃饺子，一起做元宵汤圆，爸妈则一起做芝麻椰肉球，陕西来的阿姨做刀削面。少年 Jonathan 则已跟爸爸学了潮州菜、中国南方菜、柬埔寨菜系，跟妈妈一起学越南菜、地中海菜，还学会做意大利菜了。

尽管深受那么多杂糅的菜系冲刷味蕾，他最难忘记的还是外婆做的椰汁五花肉鸡蛋汤，这是越南招牌菜，有一种遥远的乡音，让他知道自己身上血统与遥远的亚洲土地的某种呼应。勤奋、专注、努力，还有一股韧性，这是所有亚洲人给人的基础印象。Jonathan 身上有着一种西方人的开放，东方人的专注。虽然，那时他对亚洲所有的印象，都来源于一道道家乡的菜，家乡只是可以品尝的味道。

黑松露巧克力球：

大块的黑巧克力直接放锅里加热融合，加黄油，加糖粉，酸奶油来一点，白葡萄酒加一

点。加一点点杏仁粉，一点胡椒、香草，搅拌这些混合物，需要力道和时间，等待巧克力变热融化变成浓厚的瀑布形态，做好的巧克力酱放在冰箱，慢慢冷却下来，黄油会吸纳很多味道，杏仁，橙子酱、酸奶油等融合在一起，吃的时候能真正感受到所有不同的味道。

一个小时，将融合的巧克力酱从冰箱取出来，做成一个个小球，铺上可可粉，撒点椰蓉覆盖在外面，配上一些用石锤慢慢磨成粗粒的碎开心果，外边又是脆脆的。这种复合的味道小朋友尤其喜欢，色彩和内容都很丰富，开心果和桃红酒尤其搭配。

Jonathan 在巴黎读书的时候就开始专攻甜品，从小爸妈嗜好咸食，甜品全留给了Jonathan 和他的弟弟们，每天吃很多甜品。高中的课程上，还有很多专业的烹饪课和甜品课，爱好甜品的 Jonathan 开始有计划有系统学习法国甜点的制作，这成了他最大爱好之一，尽管他的专业是同一堆冰冷的经济学数字打交道，飞来飞去的，几乎把飞机当成了旅馆，25 岁的他，已经去过 43 个国家，作为 90 后，他见过很大的世界。

他留有一个习惯，每到一个国家就会去买本当地的美食书，想办法认识很多厨师，聊一聊当地家常菜的典型做法，最好有详细菜谱，再想办法改良和融合，创造一种新做法。他知道一个经济学家和厨师、甜点师可能隔着一段很大的距离，但两种人生，都是他需要的，如果可以，他愿意都体验一把。

2016 年 8 月，他第一次来北京，在北京大学光华管理学院学习一段时间。中国各地庞杂口味的饮食让他大开眼界，吃北京烤鸭、正宗的西安刀削面、BIANGBIANG 面，还有很多洞洞的麻食，都是无敌的美味，以前他看到"中华料理"招牌，只会想到饺子。问他对中国饮食有何印象，他想了想说，"中国南方口味比较清淡，上海口味虽然复合，但还是颜色稍重，云南喜欢大量地使用柠檬叶、香叶、椰汁，这点和东南亚的口味更接近，也更像越南的味道，茉莉花炒鸡蛋、饵块、玫瑰饼，滇味的宫保鸡丁都非常好吃。"他说这些的时候，完全恢复成孩子的兴奋模样，无尽食物，无尽喜悦。

在光华管理学院就读管理金融和咨询研究生期间，股神巴菲特邀请全世界八所大学，每个大学邀请 20 个人，共 160 个人去美国奥马哈，和自己一起共进午餐，并拥有向股神提问的权利。作为受邀嘉宾之一的 90 后代表，当你问 Jonathan 问巴菲特什么问题了，他神秘一笑，这是一个秘密。

毕业之后，他成为一名金融工作者，相继在伦敦和香港工作，与中国 90 后相比，他更加放松，享受自己忙碌有序的生活。所有"甜点时间"都是在工作缝隙中挤出来的，他常常从香港直飞北京过周末，只是来做甜点。把"三里屯的夜色"和"香港夜色"无缝连接在一起，这是一句玩笑，因为常常在周末做完甜点，回到香港已经夜深，一个周末甜点师睡下，起来时候睁开眼，看到是经济预测的报告，这种人生像两块质地不同的面料被缝在一起，但都是自己的。

享受当下，学会享受生活，不像很多中国人那样绷紧。这是 Jonathan 身上明快的法国人的气质，即便他做的事是高度快节奏，依然可以感觉到他足够放松。Jonathan 在法国和父母生活的时候，每个夏天全家都去意大利，去出产黑松露的地方，认识那些不同的味道和烹制方法。去一个地方，找出当地人最喜欢的口味拓展，自己琢磨出新配方，这已经是一种习惯和癖好。今年七月，他去了南非一个僻静的乡村，遇见一位美丽的女生。女生厨艺高超，于是他们决定互相学习对方厨艺，每日做饭、做菜、去花园采集食物，自己发酵面包——好奇朋友总会问，后来发生了什么故事！Jonathan 说，结果是除了美食，什么故事也没有发生，因为两个足够专注美食的人，这已然是最好的故事。

这次的"西班牙海鲜饭"Paella 食材来自北京三元里菜市场，食材都是再三精选过，硕大的墨鱼、龙虾、章鱼，组合成了巨无霸的海鲜豪华盛宴。螃蟹二三十个，尽量用雄螃蟹，放到大大的锅里，橄榄油、黄油、若干大蒜、一点白葡萄酒，白葡萄酒有一种特别的味道，和中国人常用的米酒、麦酒滋生出的味道特色不同。不断地加热搅拌，放进去一些香料一直煮，直至变成一锅海鲜汤。等到热量足够时用木勺子砸海鲜形成海鲜酱。每个东西要烤不同的时间，每个都须一个一个做，所有的食材有不同的状态要一一对待，切洋葱变成小丁，要四个柠檬果皮，削成碎的。大量的提子、龙虾也炒一下。Jonathan 说西班牙海鲜饭的颜色正常应该是橙色，放了藏红花之后变成另外的样子，更加让人垂涎欲滴。

橙子蛋糕是很适合冬天的甜品。今天做的橙子蛋糕则需要费时一个小时。冬天吃柠檬和橙子味道就比较暖和。欧洲圣诞节前后吃橙子的人尤其多，变成蛋糕则更容易。提前做好橙子酱：橙子用刮刀去掉皮和白色的橘络，留下橙

西班牙海鲜饭

子肉，橙子5个，糖300克，小火20分钟，放白兰地或橙子酒、香草粉、黑胡椒粉，一起融化。过程不加水，20分钟后放点蜂蜜，放凉出锅即可。

法国传统的甜点Madeleines，Jonathan用树莓做了点缀，传统的做法接近尾声时，从烤箱里拿出，点缀上树莓，15分钟后出炉，艳光四射。有了树莓的点缀，Madeleines居然也有种水果的轻盈感。

香港号称是世界最奔忙的城市，Jonathan在港时，无论多忙每周组织朋友的周末午餐，用餐和沟通的时候可能花费三个小时左右，准备却多达七个小时，有些甜品至少提前一天准备，所有的材料放在冰箱，肉用很多香料提前

腌制入味，周末早上就开始煮菜，三道菜三个甜品，欢畅淋漓一个下午。

今天30位宾客的家宴圆满收尾，宾主尽欢，许多人直接预约下一次的创新家宴和甜品。当所有这一切都结束后，他又要思考飞回香港，面对那些密密麻麻的数字和图表。甜点的味道还在口齿之间，这两面的生活，就像白天和黑夜，永不交叠，但一起构成了他。当两者都同样美好，而你不需要即刻做出选择时候，就让白天是白天，黑夜是黑夜。因为，无论白天和黑夜，都是你最好的时光。

36个Madeleines的配方

鸡蛋 6个

白糖 300克

柠檬 1个

柠檬皮 3个

面粉、苏打粉各 400克

黄油 200克

牛奶 100克

① 黄油放入锅中融化。打入鸡蛋和糖,搅匀。

② 放入面粉、泡打粉、柠檬汁、黄油、三个柠檬皮、牛奶等拌匀,拌好的面糊放入冰箱冷藏1个小时。(冷藏好的面糊比较硬,可在室温下放一会,变软就可以用。)

③ 模具撒少许面粉防止沾,面糊装入模具,只要装9分满。

④ 入预热180摄氏度的烤箱,中层,上下火,15分钟。

⑤ 拿出半成品的Madeleines,点缀上树莓,再放入烤箱180摄氏度15分钟即可。

李然

曾为策展人、家居媒体负责人。现为花九锡订制家宴主理人、活动花艺师、独立室内设计师、然舍民宿主人。从小受出身中医世家的母亲影响，留意食物养生。留学日本期间在餐馆工作，遇见并爱上了Fusion，从此开始自己研究、创造一些餐谱，并养成了睡前喝红酒的习惯。因家传而学习了音响师技艺，因此独特的背景音乐也成为了花九锡定制家宴的特点之一。又因为爱好考取了Canadian Institute of Floral Design花艺师资格，现阶段在研习池坊花道。今年年初在北京成立了自己的生活美学工作室，多次被家居生活类媒体报道。

花九锡
生活中的美好体验

文_李 然
图_李 然
　　王思几

我为什么要做家宴

2016 年底，我拿到了现在住的这套房子。为了赶在春节前完成装修，我用了 20 天的时间，让钢筋混泥土的毛坯房成为一个有我个人特点的、有治愈力的空间。

我是室内设计师，在设计时，从选材、装修方式上就多花了心思实现环保，装完即可在这里工作居住。自己画图设计房子，计算好每一项工程所需要的时间，以及各个工种之间的工期安排，包括设计、走线、铺砖、刷漆、订家具、布置等。其实这和统筹一场家宴有异曲同工之处。整个过程对我来说，像是一场狂欢。

在装修过程中，我发过两次高烧，但也坚持与施工师傅一起干活，当时两手都是伤。就在一个因为发烧而失眠的凌晨，一个念头在脑中从混沌渐渐变得清晰：做订制家宴。

这是一件可以把我多年喜欢与积累的事物全部融合在一起的事情：花艺、设计、音乐、料理等。还记得那个失眠的凌晨，我坐起身来，名字、缘由、菜单都被我飞快地打了在了手机备忘录中。花九锡订制家宴，就这样有了雏形。

安心住下来之后，常有朋友来家里玩。我尤其喜欢与朋友在厨房里一起备菜、做菜，然后坐到桌前共同享用晚餐的整个过程。因为住在北京的关系，我的家更成了天南地北的朋友们留学或者回国时落脚的中转站，而我总是想要给大家最放松最治愈的空间体验。有一次一位朋友来家里住，早晨起床后我发现她背对着我，安静地站在阳台看

着植物发呆。那幅画面很安静，时间仿佛停止了。回头看见我，朋友笑了，她说自己被治愈了，而把居住空间提供给朋友的我，也被朋友的话治愈了。每一位来过我家的朋友都会感叹，在这里觉得时间变慢了，只是发发呆也很舒服。在朋友们一次又一次地提议和鼓励之后，我想，也许真的可以试一试呢？在自己亲手打造的这个治愈系空间，把我所擅长的料理、音乐、美术、插花融汇在一起，分享给更多朋友。

现在，这一个让我自己待着舒适的空间，得到了很多朋友的喜爱。我想，大家对于舒适生活的向往，一定是一样的。而一场家宴，也寄托着人们对美好生活的热爱和向往。

能提供一段有治愈力的时光，我很荣幸

"此刻真的好开心，来，让我们干杯！"坐在席中的女士们看着眼前刚上来的前菜：布雷斯风味沙拉，脸上溢出笑容，举起了酒杯。在平日的生活中，她们既是妻子、母亲、女儿，也在工作中独当一面。而今晚，她们可以只做家宴的客人，我将提供一种"生活别处"的空间和时光，让她们恢复少女时期的心情，单纯地享受与闺蜜的约会。

桌花是姿态古朴、颜色粉嫩的绵糖洛新妇，再搭配上鼠尾草，使得室内的氛围一如窗外万

物萌生、逐渐热闹的初夏。

美食和美酒下肚，客人们神态愉悦放松，笑声不断，在厨房做菜的我被这样的气氛感染了，心里无比满足。晚餐结束后，女士们都脸色红润，微醺离去。在当晚音乐的包裹中，我开始收拾打扫，内心轻松。这时不禁回想，究竟是从什么时候开始，我想要当一位私宴"女主人"的呢？

记忆回到本科毕业那年，我即将去日本留学，母亲担心我只身在外会饿肚

子，特意请来做厨师的朋友教我做菜。在家中的厨房，我上了一系列厨艺课。糖醋排骨酱汁的比例搭配，"一百个人能做出一百种味道"的鱼香肉丝，热胀冷缩原理在烹饪中的运用，用"烫一下"的方法去掉蔬菜叶面的酵素使之保持鲜绿色泽……这些以往在学校里无法接触到的信息，或者看似曾经学习过的物理或化学知识，竟然可以运用到烹饪里！这构成了一个全新的世界，让我的眼和心豁然开朗，也成了我系统地学习调料和料理的开端。

留学期间，我去高级日料店打工，从最基本的事情练起。后厨如战场，在学校呆久了的我显得笨手笨脚。有一次，前辈用怀疑的眼光打量了我很久，悠悠地说："你会洗碗吗？"看不下去的他走过来拿过我手里的海绵，开始教我如何省水省料而快速地洗碗。从小包揽家里饭后家务的我，长大之后却在这里重新学习了

洗碗。也正是在那里，我不仅了解了专业厨房的工作流程，还学会了后厨里很重要的习惯：东西放在规定的地方，所有工具、餐具收取有规，所有备菜食材剥好切好，挨个码齐，一目了然。践行这些习惯，对于处女座的我来说，简直是一种治愈仪式。

也是在日本期间，我爱上了 Fusion（融合菜）。众所周知，日本很擅长吸收国外的文化，同时又保持自己民族的精神和特点一以贯之，延续发展。在日本的餐馆，除了能够吃到传统的日餐，还有很多餐馆以日式西餐为特色，尤其年轻人爱去的居酒屋，除了可以提供日式洋酒，还会研发自己特有的创意菜。遇到有趣的菜，我总是欣喜不已，会把菜含在嘴里用舌尖和舌缘细细品尝，缓慢咀嚼，去推测这道菜用到的食材与调料，在脑中还原菜的做法。慢慢地，我也开始自己在家研究摸索，做一些中日、中西融合餐谱。还记

得有一次，日本朋友吃完麻婆豆腐，连盘子里的酱汁都用饭蘸着吃完了。传统的日料里是见不着豆瓣酱的，但是也没法阻止这位日本朋友无可救药地爱上豆瓣酱的味道。

从小就接触艺术的我一直相信：艺术不论以何种形式存在，都可以跨越语言和理解的屏障，成为人与人之间沟通交流的钥匙。看着日本友人吃麻婆豆腐的样子，我忽然想到，饮食文化不也是这样吗？回看人类的历史，因为贸易或者迁徙，人们将食材、调料、饮食习惯带到新的陆地，使之深植于当地，直到成为新大陆的传统，例如辣椒之于四川，油醋汁之于法国，葡萄酒之于加州，手冲咖啡之于日本。饮食文化发展到现在，正是在历史背景下不同文化、不同习俗融合发展的结果。我觉得这点非常有趣。

除了对菜式的溯源和融合创新感兴趣，受出身中医世家的母亲影响，我也非常重视食材的养生搭配。还记得小时候经常去母亲工作的地方玩，一待就是一天，高高的木头药柜构成的"迷宫"就是我的游乐场。每一个小抽屉里都装着神奇的植物标本，散发出令人安心的古老气息。药材对我而言并不陌生，小时候跟着母亲一起背汤头，她会把晦涩的中药名称编成顺口溜或人名，如"秦香莲"就是黄芩、香草、莲子的谐音。家里的灶台上永远会有一两种汤

羹正在煲，或者已经煲好，银耳粥、冰糖乳鸽、甲鱼汤、虫草鸭子汤……母亲的言传身教，使食补的概念根植在我的脑海里，让我一直留意食物养生。很多年来，我在自己的小窝也一直备着各种养生食材，根据不同的季节来煮相应的养生粥或者汤水。在我看来，享用一顿餐食，就像是欣赏一场演出，要做好荤素、咸淡、甜辣、营养的搭配，才能享受到铺垫与高潮的起承转合，同时腹胃身体也能得到妥帖的照顾。

除了搭配得宜的菜品，对我来说，花草也是一场家宴当中不可缺少的元素，甚至是家宴的亮点。在有家宴的日子，我会在凌晨四点多起床，去花市采购最新鲜的花材。相比基地里培育的种类，我更偏爱山野应季的花材。捧着这些娇嫩美丽的花枝，我的心情欢喜又慎重。花材一旦离开土地枝干，她们状态的好坏就全靠我与时间比赛。把花材带回家之后，花儿叶枝们在我的家里舒展开自己的身姿，使得满屋都氤氲着植物的香气。这时，我告诫自己：嘿！现在可不是陶醉的时候，我得赶紧处理花材！在插花的过程中，我与花对话，欣赏花朵的形状，观察植物的阴阳面，发现每一朵花不同的表情，让她们在作品中展现出最恰当的样子。在插花的过程中我了解植物，同时也看见和修炼自己的心性。花与草的存在，无论是模样还是气息都很治愈，所以在餐桌上，我总会用应季的植

"夏日庭院" 花艺

物来插花,看见餐桌被布置得漂漂亮亮,我会不由自主地心生喜悦,也乐于与来到家中做客的朋友分享这种美和喜悦。

我喜欢给不同的晚宴设计不同的花艺主题,有时根据节气,例如立春、夏至、白露等,有时根据场合或客人的爱好。

北京酷暑难耐的日子,让我想起了小时候放学回家的路上总喜欢摘路边的小野花,握在手里就很开心,不再燥热难安。于是就有了"夏日庭院"的主题。

"荷塘秋色"主题家宴。客人曾感慨今年遗憾还未来得及赏荷,于是我选用了荷叶、荷花、莲蓬作为花材。因有男客,所以放弃了常见的全粉色荷花,用了更为雅致的白色粉边荷花,造型上取秋天的枯瑟凉意与丰收繁盛两个特点,做了两个部分。

又例如有一位客人喜欢樱花和桂花,但时值初秋,并没有这两样花材,于是我取了樱花的名、桂花的色,搭配秋季,有了"白露·秋樱"主题。

秋末冬初的一场生日宴,除了考虑"秋色"与"冬姿"之外,花材全部使用永生干花,意味着"留住此刻"。

我爱花,所以为自己的家宴取名为"花九锡",这个名字取自唐代罗虬的《花九锡》,意为赠与名花的九种礼遇。因为在我的家宴里,

希望以对待名花的一期一会之心，为朋友们提供一个治愈的空间，给予来客在花中享宴的美好体验。

现在花九锡的 logo，是临摹张大千的工笔牡丹，不光是因为花九锡中有花的元素，也不单因为牡丹是《花九锡》名花中的一品，也因为张大千与外公是好友，这也是我纪念外公的方式。

来到我家，客人一定会注意到黑胶唱机、胆机功放系统和在角落放置的扩散板。扩散板是我按照公式计算好每一个格子的宽度、深度来特别订制的，摆放的位置也经过现场测试调整，可以最好地呈现音乐声音的状态。黑胶唱机、胆机功放、音箱是父亲为我订做的一套音响设备。我出生在一个只听音乐不看电视的家庭中，从小和父亲讨论各种类别音乐。父亲是文艺青年，酷爱音乐，他小学五年级的时候就自制了真空管收音机，年轻时玩摄影、玩摩托。为了能更好地琢磨音响、电器专业知识，他还自学日语，后来终于转行做了音响工程师，积累到现在几十年，成了"骨灰级老烧"。受到父亲的影响，我也学习了音响师课程。现在做的每一场私宴，除了菜单，也会精心准备一份乐单。我认为，音乐不仅是用耳朵聆听的，它还切实地营造着一种可视可感受的氛围，这也是我想要与客人们一同分享和感受的。

白露 · 秋樱

秋色冬姿

　　人的居住空间，是一个全面体现人的经历、品味、意趣的地方。我的家宴自然要融合并展现我的经历和情趣。看过的美景，尝过的美食，都成了我设计订制家宴时的灵感。

　　我要感谢家庭教育。2岁半开始学琴，3岁接触体操，5岁学国画……成长过程中的业余时间更是在各种培训课程中度过。以前我总是抱怨自己没有童年，现在回想起来，其实父母给了我很好的引导。他们希望在我以后的生活中，可以通过弹琴或者绘画，去舒缓内心的情绪，对美有一种认知，丰富自己的阅历。现在，在我的私宴空间里还摆放着小时候画的国画，

大家都会被我七岁时画的小猫吸引，我摆在这里是因为我妈妈的小名叫猫咪，我的家人以各种形式在这个空间里陪伴着我。还有一幅画着两只螃蟹的画，也是小时候的习作，放在这个空间里，是想对来此相聚的朋友表示"谢谢"。

无论是桌上的花艺、屋内的陈设，还是音乐单，原本都是我自己生活的一部分。能在家宴中把这些融汇到一起，给客人提供一个从现实生活抽离出来的环境，让他们度过一段开心

的时光，这是我非常期待达成的事情。在暖黄色的灯光下，可以看见宛如治愈力形成的气体充斥在每一个角落，我也会因为感受到这股气氛，而一同陶醉。

有一次私宴，祖孙三代来吃饭，做完最后一道菜后，我被客人邀请去餐桌聊天。穿着围裙的我刚从厨房里出来，5岁的小孙女儿微笑着走过来，一句话不说，只是紧紧地抱住了我。小姑娘大概是在用自己的方式表达"今天的晚

餐很好吃"吧。在那个瞬间，刚刚从紧绷的工作状态中抽离出来的我，也被客人治愈了。

我想做的家宴要包含完整的五感体验。人们坐在桌前彼此相伴，在鲜花和美食中度过几个小时，在交谈中放松心情，更加靠近彼此。选择来花九锡一起享用晚餐的客人，彼此之间也一定是亲密的，可能是亲人、爱人、朋友。预订者把一场家宴当作"给最重要的人的惊喜"，选择了花九锡，使我有机会营造这一段私密的、美丽的时光，我很荣幸。我在每一个细节的努力和用心，被客人悉数感受到，也才算是一场家宴的正式完成。

说到底，一场家宴的主角，其实不是鲜花，不是音乐，不是环境，甚至不是餐食，而是心怀爱意、珍惜着彼此的人们，而我，还有花九锡，只是提供了一个场所和一段时光。

一位私宴主理人的自我修养

想操办一场令人满意的私宴，除了做好细节的设计，身为花九锡的女主人，我也在持续努力学习着多种门类的知识。下面把我的一点心得分享给大家：

享受逛菜市场。去一个地方旅游，我最爱逛的除了当地的博物馆，就是当地的菜市场。我喜欢怀着好奇心去看那些当季才有、当地特有的食材，与摊主交谈，饶有兴致地看烟火气十足的往来人群。在生活中，我会依循四季的变化去选择食材，仔细地品尝和吸收自然的馈赠，让身体也得到滋养。为了找到更好的柠檬或者更新鲜的鸡蛋，有时会跑到几公里外的别处；为了拿到自然香甜的胡萝卜或玉米，也宁愿提前向有机农场预定等待；同一样食材也对比多家之后，挑选哪家值得固定购买。

出门见学。在外四处游历的时候，我喜欢去当地有特色的餐馆尝味，从国外扛食材和餐具回来。平时我也会看很多书，并向擅长厨艺的前辈请教。当你爱上烹饪这件事并开始积极汲取知识，那感觉就像"海绵掉进大海"，我曾对朋友笑称"不带着设计师的视角去旅行的花艺师不是一个好厨子"。我也喜欢与其他厨师朋友讨论彼此的新点子，看到的烹饪新书也第一时间彼此分享，每次我们讨论料理到凌晨，会兴奋得睡不着，真是乐在其中。

善用花材。如果餐桌上有花朵的点缀，会增色不少。和饮食文化一样，不同的插花流派也有着各自不同的特点。西式插花可以任意使用一年四季的花材；而日式花道如日本这个国家一样——季节性明显，这和我一直赞同的应季饮食习惯不谋而合。留学期间，我开始去感受时序自然，留意和欣赏四季流转之美。现在

我正在研习日式池坊花道。这个流派是由遣唐使小野妹子由中国带去日本的，经过几百年的发展传承至今。西式和日式两种截然不同的花艺审美意趣，以及对自然和季节的尊重之心，都被我融入到了家宴的花艺布置中。当然，花材在家宴中，不只用作装饰，也可以寻找一些可食用花，把花材用到菜里面，例如用三色堇做沙拉，把樱花封在布丁里，把绣球花萼点缀在梅多克酒梨上。

巧用物件营造氛围。作为室内设计师，进入任何一个空间里，我除了观察装修，也会观察空间陈设、布置，除了灯艺、植物、家具，还有小物件细节。其中花瓶、烛台、酒杯、餐具，这些在聚会的时候需要被摆放在餐桌上的物品，在我看来是很好的氛围营造小物，我们还可以根据不同的季节、主题来做设计和搭配。现在我家里就摆放着多年来我从世界各地带回的"回忆"。当看到这些美丽的物品时，我心里会自然而然地涌起一个念头：让我们来一场愉快的家宴吧！

李然的三次家宴菜单

潮汕菜搭配江浙菜晚宴

清汤潮汕手打牛肉丸

羊肚菌灼菜心

龙井虾仁

蒸海鲜盘

狮子头

黑山猪肉自制腊味煲

醪糟芝麻汤圆

法式与日式融合晚宴

无花果沙拉配牛肝菌

碳烤鳗鱼配红菜头

天妇罗炸虾

香煎海鲈鱼

低温慢煮鸭胸

鲣鱼节乌冬面

宇治抹茶外郎

纯法式晚宴

南瓜无花果沙拉配帕马森奶酪

法式土豆大葱汤配龙虾肉

黑松露烩饭

煎三文鱼配茴香头沙拉

煎和牛西冷配藜麦沙拉土豆泥

法式白兰地烤苹果

 **林贞标** 潮汕美食系列丛书:《玩味潮汕》作者,潮菜研究会副会长,广东省粤东技师学院潮菜烹调技能工作室科研导师,国家一级营养师,电影版《舌尖上的中国》美食顾问,上海兴国宾馆美食顾问。创办简烹工作室,"用简单烹饪的方式,创造了一系列原味养生的菜肴"。

一个"读书不求甚解,吃茶讲究工夫"的资深媒体人、阅读推广人,2016年、2017年南国书香节媒体顾问。 **陈小庚**

请来汕头我家吃饭

文_ 陈小庚

日日聚啸的美食乌托邦

说起来好笑，只要是个吃货，没有不知道潮菜的。可是，潮菜的故乡——四大特区之一的汕头市，知道的人却甚少。就像汕头的另一张名片工夫茶一样，风靡全国，很多人却将它的发源地张冠李戴套在了毗邻的福建头上。汕头，一座美丽的海滨城市，气候宜人，物产丰富，是潮汕平原上的一颗明珠。世代居住在这里的潮汕人，因为历史人文的原因，任何事情都追求极致——耕田如绣花，匠作必精美，在饮食上也毫不含糊。有人研究过，因为喝茶多的缘故，潮汕人的味蕾特别发达，因此，潮菜被精雕细琢以满足挑剔的主人，正如代表着潮菜在全国"攻城掠地"的汕头牛肉丸一样，经过千锤百炼之后惊艳着世人的舌尖。工夫茶＋潮菜，两道金牌在手，汕头，成了资深吃货心目中的美食圣地。不知从何时起，朝圣的人群来到汕头，传说必拜的码头就有林贞标的简烹工作室。

汕头人的生活，几乎离不开茶：工夫茶成了家家户户的标配，客人来，搬出工夫客待客；一家人闲坐聊天，也是工夫茶侍候；甚至，工作时，工夫茶也堂而皇之登堂入室。蔡澜曾经毫不留情地批评中国茶道，说道："如果要有茶道，也只止于像潮州工夫茶或文人茶那样。别以为有什么环节，其实只是把茶的味道完全泡出来的基本功罢了。"由此可见，潮汕工夫茶在蔡澜心目中的地位。蔡澜讨厌繁文缛节装腔作势，也因此得罪了很多人。他认为，喝得舒服就是茶道。林贞标自

炒芥兰

称茶痴，他的"茶经"也是真实自然。看来，他与蔡澜这两个潮汕人对茶的理念是完全相契了。有趣的是，蔡澜是以美食家的身份谈茶，而林贞标，开始被江湖所传说却是因为他的"中华茶叶库"。当然，说林贞标是美食家，无疑是正确的，但是一定要再往他身上贴更细的标签，就有点难了。"潮菜专家"？首先一帮潮汕本土的美食家一定会跳出来吐槽几句的，原因可能是他的"不纯粹"，也可能是他的反传统。

潮汕人吃芥蓝菜，一般采用"厚䐢"（䐢即动物脂肪）"猛火""香鱼露"的炒制方式。炒制芥蓝传统的手法为：铁鼎、厚䐢、猛火，倒入洗净摘好或切好的芥蓝菜，频繁敏捷翻炒过程中，边用装有开水的喷壶往芥蓝菜上喷水防止猛火将芥蓝菜炒焦，一阵阵"哔哔剥剥"的响声甚是畅快，是一段潮汕人炒制芥蓝菜的"协奏曲"。所以，潮菜厨师最基本的功夫即炒芥蓝，一盘炒芥蓝体现了一个厨师给人的初始印象。……这种芥蓝食法，在酒楼、大排档，甚至街边的粥档都能吃到。

这是林贞标在他的《玩味潮汕》里描写的传统潮菜的做法。但是，在他的自己的美食实验室——简烹厨房里，芥蓝菜的炒制方法却完全反其道而行：家常炉灶，少许的动物油，炒好的芥蓝菜看起来仍然是青翠欲滴，入口脆爽清香。就算你不小心吃多了，吃完之后肠胃也没有任何压力。后者正是他所追求的美食效果，但也正是他与"传统"潮菜分野的地方。回过神来的食客们，细嚼着林氏芥蓝的时候，回味着寻常酒楼以及街边大排档之类的芥蓝，会发现它少了一些烟火气，那其实就是"厚膶""香鱼露"带来的口腔刺激以及进入肠胃之后的饱胀感。当然，简烹工作室的芥蓝"猛火"这一件却是少不了的。怎么"猛"法，就是林氏的独门秘笈了——"一道好菜，有时其实很简单，就是火候，咸甜调和而已。但说来简单，做来却难。缘于要懂火候者，须晓食材之性。"

林贞标的"干煎蘑菇"在朋友圈中知名度极高，鲜香爽口。寻常的口蘑，经他干焙后，有种非常奇妙的香气，咬一口汁水进出、菌香四溢。烹制这道菜的关键在于火候的掌握。只见他在净平底锅上火烧热，菌柄朝下摆入口蘑，盖上盖子小火干煎（不加油，相当于烤）至底面金黄，蘑菇逐个翻过来，等锅内腾起烟气，迅速在锅底淋入一小勺鱼露，待汁水收干后，口蘑即可出锅摆盘。"为了创作这道菜，他一连吃了一个季度的蘑菇，把身边的人都吃吐了，可他还是乐此不疲：加什么油、加多少油到最后什么油也不加，几成熟以及加盐还是加鱼露……点点滴滴的经验，既考验他的味蕾也考验他的耐心，最后才成就了这道菜。"家在北京的潮汕人李生回忆起一路"陪食"的过程，充满了感叹。因为耳濡目染，对美食奉行动口不动手的他，时常将这里的菜谱和标哥讲解的烹饪要点复述给远在北京的太太，太太依言搬演，竟然也成功

烹制出几道像模像样的菜式来。"说起来还是标哥的再传弟子呢，虽然她至今还无缘见识标哥。"

如何理解林贞标的简烹工作室，是一件令人头疼的事情，这里既不收费经营却又经常汇集着一群来自五湖四海的食客。全国美食江湖里的高手常常聚首此处，把它当成可以论剑的华山，当然，能否上山，还得符合标哥——"饭醉分子"们对林贞标的昵称——制定的苛刻标准。随便举两条——"工作室一律禁烟""不接待十岁以下儿童"如同聚义厅上的议事规则，此外还有"不斗酒、不劝酒"，把那些沉缅于物欲纵情于声色的食客直接屏蔽了。

"美食乌托邦！"李生不假思索地这样给简烹工作室下定义，"标哥所做的事情就是新潮菜的实验，而这里，就是实现他的美食理想的地方。"自称"好食之人"的李生，回到汕头自是遍寻城中各处美食所在，一一尝遍。机缘巧合，两年前结识了林贞标，因为对茶、对美食有一份共同的执念，由饮食而至人生，理念相契，相谈甚欢，相见恨晚，遂成好友。只要一回潮汕，标哥的简烹工作室就成了他的家。这里，不但有好茶好菜更有好友。他还见识了林贞标多道美食的研发过程。而对林贞标来说，这里也是他的家。虽然规定了几条看似冷漠的"门槛"，但对于跨得进门来的朋友，他都是热情相待的。不同于省城广州喜欢呼朋唤友到外面的酒楼ＡＡ

蛋白黑松露

制饕餮一餐，汕头人更习惯温馨的家宴。亲朋戚友举家汇聚，推举一位擅于做菜的人出来当主厨，其余的人或帮忙打个下手，或在客厅里泡着工夫茶闲话，其乐融融。"标哥的动力在于做几个有情感的菜，或者说做一桌有感情的饭给朋友吃。"携带了一颗硕大的"黑钻石"——黑松露过来跟林贞标以及他的朋友们一起分享的曾生说，他也是这里的常客。不同于李生的是，这位同样是事业成功的潮汕男人，在标哥的感染下，回家基本承包了做饭的任务。

"疯子"林贞标

林贞标对茶的态度是痴，对美食的态度可谓"癫"，为了验证蔡澜所说的"猪颈肉最好吃"是不是真的，他有段时间每天凌晨起，跑到肉档去，趁着整头猪还未分解，亲自指挥肉贩切割猪的不同部位的肉卖给他，然后拎着肉回家煮食研究，如是坚持了两个月，终于得出与蔡澜完全不同的结论：猪最好吃的部位不是猪颈，而是猪颊——类比在人身上，就是笑起来两个酒窝的地方。而每头猪的猪颊肉不超过四两！为了寻找各种蔬菜的"真味"，他连续两个月吃清水煮青菜，屏绝一切佐料，连最基本的油盐也不放，硬是把各种蔬菜最本真的滋味吃透；为了掌握各种食材的"熟化点"，他把这些食材"从生试到熟"——生吃、10% 熟、20% 熟……各是怎么样的情况。"比如，潮汕最常见的食材萝卜，必须是九成熟时最好吃，那时的萝卜软硬合适，甜度也达到最高。生了，则辛辣；过了，则软烂无味"……这样的林贞标是不是有点疯狂有点不可理喻？

"食不厌精、脍不厌细，古早的潮汕人因物资匮乏，任何食物都不敢浪费，凡能吃之物，

相煎何太急

都要点滴落腹，人们于是练就了细分食材的能力。这暗合了饮食的最高境界，过去是因怕浪费，现在是追求舌尖味觉的享受。"不浪费的原则，在林贞标的一道名菜"相煎何太急"上体现得淋漓尽致。将带脆骨的猪肉或者猪颊肉切成5厘米见方的块状，焯水后与西洋菜梗一起小火炖约四小时，然后将西洋菜梗捞去，捞起脆骨肉待用，转大火，加入西洋菜嫩叶，烫至刚熟时，菜、汤分装入碗，再放上一块脆骨肉。这道菜妙在把通常做法中丢弃掉的菜梗拿来熬汤，让西洋菜的味道深深地融在汤中，而嫩叶就只需负责"貌美如花"，用它的色和嫩挑逗食客的味蕾，整道汤却又菜味浓郁、清香无比。"比如一头猪，在汕头的市场上，可分很多部位出售，据不完全统计，可达100种以上，这在全国是绝无仅有的。因动物每一个部位的纤维结构都不一样，熟化点也不一样，气味不尽相同。"

当然，如果仅仅靠着这种近乎自虐的"研究"和味蕾"大数据"积累，林贞标还是没办法成为一个美食家，也无法与同样每天穿街过巷四处觅食的广大汕头人民群众区别开来。林贞标的美食建树，除了他的好学刻苦之外，他的过人之处离不开他的天赋——与他的另一爱好品茶相关，他拥有极其灵敏的味蕾。而这味蕾也屡屡为他炫技般四处挑战别人立下赫赫战功。有一次，他应朋友的邀请到上海一家有名的大酒楼试菜，一道看似简单的芥菜煲。试完，他对恭敬站立一边的厨师长说："芥菜焯水的时候少了20秒。"厨师长脸上的表情渐渐凝固，由恭敬转向不屑。聪明如林贞标者当然读懂他的意思：这是来忽悠的吧？20秒都算得出来！林贞标当即拉着厨师长试验。他拿着秒表，让厨师长按平时的程序重做一遍，到了焯水环节，他要求在原来的基础上延长20秒。菜做出来后，

红烧肉

厨师长尝了尝自己的作品，不禁对林贞标佩服得五体投地。

林贞标年轮

汕头市区的西郊，北回归线穿过的地方，桑浦山下的鮀浦，是一个三江入海口的地方。这里水草丰美，人杰地灵。潮汕地区引以为荣的明代武状元、曾经当过兵部尚书的翁万达即出生于此地。如今的汕头大学，也座落于此处。在汕大成立之前，让鮀浦被人记住的却是因为这里一个名不见史册的地方——牛田洋。

"7·28 强台风"（编者注：1969 年 7 月 28 日，超 12 级强台风登陆，牛田洋堤围崩塌，造成严重的自然灾害。）之后，有关方面痛定思痛，沧海桑田的关键之关键还是堤！可以说，围海造田成也堤坝，败也堤坝。于是，大堤的安危得到了空前的重视。八年之后，林贞标跟随父亲来到了被重新建起来的牛田洋堤坝上守堤。

因为父亲长期体弱多病，无法下地参加各种繁重的强劳动，被照顾到了这个相对轻松的岗位。而作为家里的长子，也是唯一的男孩，林贞标被父亲带在身边，一来可以亲自管教，二来可以在堤边垦荒种点粮食蔬菜做个助手。

穷人的孩子早当家，别人在这个年纪或者还依偎在父母怀里撒娇卖萌，或者被送到幼儿园、小学上学。而林贞标只能把这大堤当成家、当成他的学校。包括上小学的那三年时光，他一共在堤上生活了十年。在这里，他学会了开荒种菜，学会了下水摸鱼、田里捉青蛙……据说，在这里，他还收获了一份朦胧甜蜜的"初恋"——一个对他特别好的"大军"（当地人对驻军官兵的称谓）的女儿，总是偷偷跟他分享零食。

　　林贞标儿时最深刻的记忆是饥饿。因为贫穷，因为饥饿，他必须付出比别人多几倍的努力才能寻找到更多的食物。或许，他长大之后味蕾特别发达与这段儿时的经历有关。辍学之后的林贞标，虽说还是一个半大的小孩，却"子承父业"接过了父亲守堤的工作。靠着几本武侠小说以及偶尔在兵营里看到的电视节目，憧憬着外面的世界。林贞标越来越无法忍受这种"一眼望到尽头"的人生安排。于是，在他16岁那年的重阳节，带着身上仅有的一元五毛钱，悄悄央求邻家的大哥，偷偷带着他进城打工。这也是他16年的人生中第二次进城。

　　蹬三轮车、夜市服装档帮工、汕头著名的西天巷蚝烙档洗碗工……干了两年，林贞标发现自己仍然只是在底层打滚，照此下去，人生依然是一眼望得到尽头。早早就学会了思考人生的林贞标，开始了人生的第二次转型——做生意。夜市卖服装、菜市场卖鳝鱼……整日混迹于一群大口吃肉大碗喝酒也脏话连篇的小贩间。渐渐地，口袋里有钱，与一帮小伙伴们簇拥着各式摩登女郎穿街过巷寻觅各种美食，呼啸着来去，好不快哉！

　　虽然只接受过三年零十天的正式教育，林贞标却因为武侠小说而迷上看书，在这帮粗鲁的小贩中间，显得像个知识分子。这让他有点特别，也因为这点特别，引起了另一位菜贩的注意——人家可是课余时来当菜贩的小学老师，正儿八经的知识分子。在一次因为三国里面的人物问题与林贞标辩论了一场之后，他叹息着说：你真是可惜了，如果能多接受点教育，你的前途绝不只是一个小商贩！

　　"贵人，他真是我的贵人！"多年之后，林贞标念起这位已经忘了其姓名的老师来，仍然感念不已。被这位老师的话所触动，林贞标暂时收敛了鲜衣怒马的轻狂，报读了初中夜校，还一口气给自己报读了很多各式各样的文化课，把业余时间都填满了。自此，人生又上了一个

年年有鱼

新的境界。

　　因为事业的开阔，林贞标有了更多的机会品尝各地的美食以及好茶。当然，吃得最多的还是当地的菜式。自2003年开始，他每年必抽出一定时间到全国各地茶山去走走。开始有意识地收集各种好茶的样本，建立起"中华茶库"。与各地茶人高手切磋之后，他发现，汕头虽说是工夫茶的发源地，普通潮人善喝茶却大多不懂茶，而坊间的"茶艺师"却多数装神弄鬼故

弄玄虚，把简简单单的茶道上升到玄学的不可捉摸境界。许是因为对茶的这份研究，启发了他对同样热爱的美食——潮菜进行了一番跳出潮汕之外的视觉来审视。于是，才有了《玩味潮汕》这本对潮汕美食的研究和思考的笔记的出版。五年前，才40岁的林贞标，将自己红红火火的企业实行管理层持股改革后，交给了别人打理，自己宣布退休。自此，一心一意打造他的中华茶样库以及简烹工作室，实践自己的美学人生价值！

作者手记

偶遇林贞标

来采访林贞标之前与主编木偶的最后一次通电话，正是在深圳北站嘈杂的站台换乘的过程中，这边厢气喘呼呼，那边厢声嘶力竭"你一定不要把他写成励志人物"……励志人物？不是一位茶人+美食家吗？怎么又跟励志扯上关系了？在刚接到任务之前，我咨询过汕头几位资深"食家"，均表示不认识这个人，还在嘀咕，莫非小木偶遇上江湖骗子，顺带把我也捎上了？采访完才知道，林贞标其实挺"励志"的：迄今为止，他的成长充满了逆转和裂变。自称只有小学三年级文化水平的他，在采访中却金句频出，"吃喝这样的事情，不懂美食的人也知道好坏""说起来，别人的成长都是故事，而我就都成了事故"……

40岁就"退休"，转而进入他充满了哲学意味的品味美好、实践生活美学的人生。在这短短五年中，他从"企业家"华丽转身为"茶专家""美

食家""图书作者"……我猜，他最想得到的荣誉应该是"生活美学家"。其实，与其说林贞标是一个美食家、茶人，还不如说他是一位玩家，一位大叔级的顽童。尤其是对待美食这件事上。别人认认真真准备了一大堆配料，想烹制出一道"地道"潮菜，他却恶作剧般地偷偷藏起几味，让人在结果中辨认少了什么？结果当然是多与少都不影响菜的味道。他就是在这种戏谑中认真追问着潮菜的前世和今生。

采访中，林贞标无论是泡茶、做饭还是聊天，都表现得不温不火，可是，一聊到一些业界现状，他还是会抑制不住地激动起来："现在一讲到美食就有个误区，大家都拼命地去找好的东西，有资源有财富当然能去占有这些好的食材，但是普通老百姓怎么办？"怎么办？按理，他也是一个有资源有财富的人。可是，他的简烹理念是想让所有人都能以尽可以少的代价，获得

食物的美味，领受到自然的恩赐。他因此转变了以往的做法，重新定下一个原则：不再刻意地去寻找食材，在菜市场买到什么吃什么。在他的工作室，因为经常接待来自全国各地与他一样喜爱美食热爱钻研厨艺的"食货"，加上他在网上热心传播他的生活理念，对茶、对饮食的种种理解，吸引来了一众粉丝，所以，这里经常也收到了四面八方涵盖祖国大地东西南北的各种出产。这些物产在他手里，经过他的巧思妙作经常像变戏法一般，成了一道道健康美味的菜式。用最简单的食材做相对美味的东西，"因为无论是所谓的高端食材还是普通食材，味蕾的感知是一样的。"

学者周松芳在他的著作《广东味道》中这样总结潮菜的成因：

广东多山少平地，珠江三角洲和潮汕平原是两处难得的鱼米之乡，繁荣富庶，自非他处可比，明人周元暐《泾林续记》也说"粤中唯广州各县悉心富庶，次则潮州。"故在饮食上，广州以外，唯潮州为上。但晚近以来，珠三角多有废稻种桑，不似潮汕平原，始终精耕细作，饮食也在大米上精细雕琢；另一方面，潮汕人长期居于一隅，耕田耕海而外，固拓殖商业，北上南下，乃至经营南洋，但多是走出去中，不似广州的"走广"走进来，故其饮食，又最具地域特色。

地域特色不是林贞标关心的问题，因此，他也不介意自己的作品是否被归入潮菜之列。不过，他的经历，他的理念，却又是暗合周松芳这段话概括的：兼容并畜，用心精致！

（本文涉及图片由林贞标提供）

林贞标家宴

待客菜单

年年有鱼

红烧肉

干煎蘑菇

相煎何太急（汤）

腌大闸蟹

萝卜条虾饼

蛋白黑松露

土中土

炒芥兰

惺惺相惜（甜品）

孔明珠

上海作家，资深主妇，爱烹调，爱猫咪，爱记录。中国作协会员，上海作协理事。《上海纪实》副主编。前《交际与口才》主编。著有《上海闺秀》《孔娘子厨房》《七大姑八大姨》《煮物之味》《烟火气》《月明珠还》等十几部著作。开设"孔娘子"品牌美食随笔专栏。2013年获《上海文学》散文奖。2016年获"冰心散文奖"。

我的海派家宴

文_孔明珠

图_关 里
　　朱炎卿

说到"家宴",眼前首先出现一张菜单,钢笔字,竖排,列着冷盘、热炒、大菜、点心,分类下是一道道令人垂涎的菜名,四季不相同。睹单不仅思菜,还思人,那消逝久远的一场场家宴,一位位亲朋好友的模样,乘着祥云,纷至沓来……

传统家宴

我父亲是个文人,爱喝点酒,他老人家儿女多,朋友多,逢年过节总要办几回家宴。父亲自己虽然不动手做菜,但策划、组织、指挥能力极强。他按照外面下馆子吃到过的美味,脑子里存有的家乡传统菜式以及各任保姆带过来的拿手菜,拼组成我们家海纳百川的家宴菜单。

家宴前两天,由父亲运筹资金,分配活计,按四季时鲜排出菜单,发动全家上下,贯彻落实。家宴相对平日三五小酌要严肃得多,得有菜单,这个活我爸当仁不让。写字台上铺张白纸,蘸水钢笔刷刷写下。父亲的字笔画威严,略微倾斜,显示出老人家说一不二的性格,指令排山倒海,像皇帝御诏似的颁发下来。

一年中最隆重的家宴就是过春节那几场,菜单上一般写有八冷盆四热炒两只大菜一个暖锅,点心一干一湿,干的是八宝饭或松糕,湿的是酒酿圆子或者水果甜羹。

冬季冷盘里有些是需要提前准备的，比如鳗鱼鲞、酱肉、酱鸭、风鹅需要腌制与风干，醉蚶、咸蟹也要托人从外地运来。物质困难时期，还需要早早地储存起皮蛋和花生。如果是花生，会去菜场讨一碗咸菜卤连壳煮，花生米就油氽，装盘后撒点椒盐下酒吃，父亲喜欢叫它"油氽果肉"。我爱抢着去剥皮蛋，先敲开糊在鸭蛋外面的糠与泥，用水冲洗，再轻轻敲开蛋壳，小心剥出松花朵朵、软咚咚的皮蛋来，一只小手托着，另一只手拿把小水果刀划开，因为皮蛋太嫩常常会弄得不成样子，那是很令我沮丧的。有时候只能眼睁睁出手来的保姆用根缝被子的白线，一头咬在牙缝里，一头绕在手指中，将皮蛋转几下，稳稳地切割完毕，看得我醋意横生，自暴自弃走开去玩。

有些菜是市面上新近流行之后，被添加上菜单的，比如金瓜拌海蜇。金瓜一剖二，上笼蒸熟，用调羹一刮细丝纷纷落下，那一年有只两拳头大的崇明金瓜横空出世，被上海人惊为"天瓜"，将它请上宴席，当场刮丝，变戏法一样博人眼球。金瓜凉拌海蜇丝脆脆的，味道真不错。还有白斩鸡、风鹅、酱肉，如今司空见惯，可在当年却是家宴上压阵的冷菜。

日子一到，我家八仙桌四边一抬一转变成圆台面，除了父母与七个子女，我那位单身一辈子的叔叔会从江湾赶来，父亲的老学生——同样单身男人也会得到邀请。其他的组合也有，父亲的老朋友，母亲娘家的亲戚。只要父亲有意办个家宴，哪怕市场上物质再匮乏，我们家经济再困难，他总能想出办法摆出一桌比较体

面的家宴。

记忆中，大家庭宴席总是笑语阵阵。父亲惯于家长作风，对母亲和子女总是批评多过表扬，而我叔叔早年丧母，对嫂子感情上不免多点依赖。我父亲就会在酒喝到酣畅时，调侃他兄弟对嫂子的体贴，学叔叔每次来家里上楼时一路叫"嫂嫂呀嫂嫂呀"的声音，那带点乌镇家乡口音的叫法让父亲一夸张，真是好笑得不行。母亲照例面红耳赤嗔怒，叔叔连连摇手不承认。叔叔搞不过他哥，只好掏钱出来给我们发压岁钱，那是家宴的最高潮，因为那是我们小孩子期盼了一年的时刻，拿了钱便放下饭碗作鸟兽散。

我的姑妈孔德沚与茅盾姑父常年住在北京，父亲三姐弟很难有机会在家宴上团聚。1955年姑父与姑妈曾来过上海，住在锦江饭店，宴请我们全家。我当时才1岁多点，被抱上儿童椅吃饭前嘴里含有糖果，茅盾姑父关照我把糖吐出来放盘子里，吃完饭再吃。等到孩子们长大，父亲身体衰败，金钱与体力都已不足以支撑，叔叔也去世了，热闹家宴不复再现。有一年，我那酷似父亲的二哥20岁生日，由小兄弟们集资操持，轰轰烈烈摆了两桌宴席，那个故事我写过一篇"20岁生日派对"的文章，朋友说，读上去有点悲壮的感觉。

小家宴

陆文夫《美食家》小说中，很详细地梳理过苏州人上饭店吃，在家里开宴席，又回到饭店吃，

神仙汽锅鸡汤面

再精心制作家宴的过程，写出了解放后人们美食生活随经济发展的起起伏伏。上海人同样如此，一开始是饭店难得进，因为在家请客省钱。改革开放后，单位、个人资金流动大了，去饭店请吃有派头，直到吃饭应酬变成负担。大家明白饭桌上交际说些段子其实是生分，真正的好朋友说真心话，还得请家里来。那时，上海人家居住环境有了改变，再也不是卧室书房客厅一锅煮了，于是待客的最高规格回到办家宴。

1988 年我家先生出国留学，好朋友请我们去他家，学饭店将活杀河鳗切连刀块，盘在大盘子里清蒸；自己研究配方，做的熏鱼比老大房还好吃。当时微波炉是高级时新货，隔壁人家刚用出国指标买来，朋友把茭白毛豆用油拌一下，保鲜膜封好，端去隔壁敲门让用微波炉转一转，揭晓后我们发现，高科技不如土法铁锅炒出来好吃。

那场女主人费心安排的家宴吃得我一辈子

都没有忘记，最后，她从衣柜中拿出一双友谊商店买来的，皮质柔软分量很轻的意大利皮鞋送给我先生，祝愿他出国的路走得轻松一点。男主人仗着自己年长几岁，以老大哥的身份语重心长地对我先生说，发达了之后不要忘记糟糠之妻，这一下，终于把抱着孩子即将成为留守女士的我惹出了眼泪。

八九十年代"文青"常常聚会，大家都穷，似乎只有每人带个菜聚餐的活动，谈不上家宴。我记得文友们到我家，席地而坐，将一只方形海绵沙发翻过来当矮桌。我做几个简单的菜肴，大家吃些带来的冷菜，喝酒碰杯聊文学，不揣简陋，吃得非常开心。年轻人心里热火，没有心思惦记父辈家宴的种种成规旧习。怀旧，我们还太年轻。

爱摆家宴的人家除了爱吃，会吃，一定也有一颗善良的心，用现在的话说叫爱分享。

一位女友搬了新家，请我们去吃饭。估计

"明珠牌"水果羹

的文章或诗歌。我朗读了一段美国作家卡佛的短篇小说选段，故事朴素而忧伤，结尾出乎意料。屋子里安静得出奇，有微微叹息声，感觉回到单纯的文青岁月。我家宅猫咪咪噜起先躲着不肯出来，此刻蹑手蹑脚现身了，一定是它嗅到了这些理想家身上人畜无害的气味。咪咪噜悄没声息走向一张空矮凳，腾地跳了上去，端正坐好。女友们被新参与者惊呆，呆愣片刻，同时爆发出刺耳笑声，把咪咪噜吓得一溜烟跑了。

搬家已掏空了银子，他们家没准备什么好菜。她见桌子上有些冷场，把她先生，一位大学教授叫起来，说你不是冬瓜皮炒得很好吃吗？你去厨房添一个葱油冬瓜皮，只见他先生讪讪站起。冬瓜皮能吃吗，我们都有些惊讶，嘻嘻哈哈跟去厨房看，教授在案板上先是小心刮去冬瓜皮上的毛，然后细细地切成丝，起油锅放了葱油炒。老实说，那盘冬瓜皮真谈不上好吃，可是大家给足女主人的面子，都夸她老公变废为宝，本事大。

大概过了十多年，这些文友已不太来往。一日兴起，我联络大家提议再聚一次，我们搞个文学朗读会。到我家，先吃饭。我准备了比十年前丰盛很多的一桌菜，鸡鸭鱼肉都有，没想到不知是年龄上去的缘故还是互相变得有些生分，菜剩下好多。

胃口不再，情怀尚余。客厅里坐定，每个人朗读一段准备好

家宴献艺

2005年我开始在报刊杂志写美食专栏"孔娘子厨房"，原本小家庭关起门吃谁也不知道，开了专栏后，我的厨艺公开了。每发表一篇文章，就有人打电话给我，相熟的朋友怀疑、不服气的占了一半，不太认识的网友更是好奇，常常有人放话激我，孔娘子，啥时候烧一顿给我们吃吃，我们才服帖！

为了证明我烹调文章所言非虚，我前后开过两次家宴，一次在自己家里，接受出版社

责任编辑检验；一次是利用别人家的厨房，做给几位大佬试吃，企图用他们的公信力来堵别人的嘴。

在家做的那次是春节过了大半，知道大家"年饱"，菜肴设计简单，素菜为主。日式玉子烧获得满堂彩，芦蒿炒腊肉、杭椒豆干、蒜泥刀豆、芦笋培根卷、美芹目鱼、蒸臭豆腐、豆豉炒花蛤、醉蟹、卤牛肉……都很家常。来了5位出版社朋友，我先生很给我面子，一起设计菜谱，烧菜时当帮手，有几个菜还抢着烧，饭毕朋友说："待《孔娘子厨房》这本书出来后，接下来出本《孔相公厨房》吧。"

在作家、评论家吴亮家做的一次家宴给我的印象更深，不是菜做得特别好，而是人特别紧张。那天到场的有互联网文学网站开山鼻祖陈村，还有现代派小说家孙甘露等见过大世面的人。

前一晚我心神不定，复习各种烹调细节，翻来覆去睡不着。菜单拟定如下：菠菜虾米拌笋丁、美芹冬笋炒风鳗、清余文蛤、文蛤汤炖蛋、白菜金针菇火腿丝、油焖茭白、玉子烧、梅菜基尾虾、玉米排骨火腿汤、炸蕃薯小饼、豆腐味噌汁。

第二天进到陌生的厨房，灶台锅碗瓢盆擦得雪亮，油盐酱醋一应齐全。可怜我竟然慌了手脚，只感到锅子、铲子都不顺手，盐不是我常用的盐，灶台灯也欺生，突然熄灭了。于是，茭白味道太咸，基尾虾不够入味，连最拿手的味噌汁也不好喝。

尽管我的菜做得并不好，大佬们捧场的话却说了很多，我边做大家边吃，陈村说，"梅兰芳唱堂会他帮不上忙"。孙甘露说，"明珠你家天天吃这么精致的小菜呀"。而吴亮这个主人更是忙碌地相帮。他们的解围使我很开心，可是回到家，把做的菜一一"复盘"后感到洋相出得太大，后悔莫及。唱一场家宴堂会真不是一件容易的事啊！

新派家宴

社会飞速发展，人们渐渐对吃的内容淡化，对吃的形式重视，家宴因温馨的气氛，贴地气的菜肴搭配，用料可靠，客人间交流的更轻松仍然受到很多人的喜爱。

然而做一场家宴确实很累，购买材料，厨房准备，都需要有人配合。幸好现在有了自办家宴的去处，就是饭店包房内带 DIY 厨房。我借那样的场所办过几次，有出版新书的答谢宴会，有朋友聚会。订包房后只要提前沟通好要做什么菜，开好备料单，店里会购买以及清洗，提供服务生。有时我网上采购直送包房内的厨房。近傍晚时，我干干净净奔赴饭店，做准备工作有帮手，人要轻松很多。有一次还引来电视台跟拍纪录片"寻找上海味道"，编导直夸上海人聪明、高雅、会生活。

我还在朋友的小酒店办过年底忘年会，来了十多位同事，我现场做关东煮，炒蔬菜。白切羊肉与生鱼片是买现成的，只须装盘，再点一些店里卖的美味，大伙儿过了一个愉快的晚上。至于美食爱好者合伙办的家宴就更好玩，也更轻松，人人都能献艺，主人只须提供场所。那样的家宴最高潮是吃到一半，各自通过手机发微信朋友圈，当海量美食图片瞬间得到来自世界各地反馈时，尖叫与大笑。

几十年来，我吃过、办过多少场家宴啊，回溯那一场场流水似的家宴，好像串起了我的人生，出生，长大，成熟，变老。

我很喜欢台湾女作家林文月，她长得美又满腹学问，是台大女教授，做古典文学研究，

咸菜豆瓣酥

翻译过《源氏物语》，出版了《京都一年》《三月曝书》等很多优秀散文集，她的美食散文集《饮膳札记——女教授的 19 道私房佳肴》我读了很多遍。林文月经常办家宴招待她尊敬的长者，从采办原料到泡发山珍海味、上灶料理全部亲力亲为。她在书中详细写了原材料的重要性，比如寻觅干香菇中的金钱菇，那种个头很小，但是香气四溢的小香菇。《潮州鱼翅》写了分 3 次泡发鱼翅的方法，还有高汤是怎么吊出来的，萝卜糕是怎么做的，过程细腻繁复然而林美人却是津津乐道。林文月招待的客人鼎鼎大名，有她的老师台静农，孔子嫡系传人孔德成，《城南旧事》作者林海音，著名散文家董桥等，

她保存有每次家宴的卡片。林文月说，那是因为在长期的教学研究生活中养成了做卡片的习惯，刚开始她光记下菜单，后来添上日期与来客名字，以避免亲戚朋友到家里来，每次吃到同样的菜肴。我不禁叹息自己的疏忽与懒惰，如果我从小就有这样的好习惯，等积累到办不了家宴，吃不下美餐的年纪，打开卡片，抚摸那些菜单，记起那些远去的朋友，该是多么忧伤并快乐的时刻。

当然，现在我有微博、微信上的记录，只须输入关键词搜索，资料便会跳出。但是与林文月当年，与我父亲当年相比，在家宴上发生的变化不仅仅在菜式上，人与人之间相处方式也发生了很多改变，老一辈那些为一啄一饮细细思量的古老情谊变成传说，想起来还是让我微微心痛。

李孟苏

曾经的媒体人，先后任职中国大陆最好的周刊《三联生活周刊》主任记者和中国大陆第一本时尚杂志《ELLE-世界时装之苑》资深编辑主任；现为设计文化研究者和写作者。著有《庄园与下午茶》《小小不列癫》《为生活的设计-丹麦设计9堂课》《看那排骨瘦如柴的女孩》，译作有《奢侈的》《足下风光-鞋子的故事，它如何改变了我们？》《艺术地生活》等。

我那不成体系的家宴

文_ 李孟苏

图_ 毛振宇

入秋了，螃蟹开始上市，于是开始操办家宴。其实这些年，自己做饭越来越简单，一天中的正餐、晚餐，很是潦草。年纪渐长，不馋了，消化变弱，是一个原因；我在家工作，忙起来实在不愿意停下手头的工作去操持一顿两个人的晚餐，则是借口。据说这是社会发展的趋势，20世纪90年代之后，人们进入了靠零食和"随便"填饱肚子的时代，孤独的美食家或将成为主流人群？

但做家宴的兴致却有增无减。美国作家弗朗西丝·梅耶斯（Frances Mayes）有句话深得我意："没有食物，我们就不可能聚在一起。食物就像太阳，家庭、工作、朋友、日常生活、非同寻常的日子——就如同轨道上的一颗颗行星。当有人说'开吃吧'，这个宇宙中的一切都会有秩序地运行。"

举办一次家宴，可能就是为了把行星般的朋友们短暂地聚拢吧。

准备请三位亲近的朋友。愿意请进家里的朋友，都是做到了最高境界——酒肉之交的那种，有着携手与世界建立良好的酒肉关系的默契；在他们跟前，我可以坦然露出貂皮大衣下的小。欣欣然来赴宴的朋友，愿意与我一起喝酒吃肉，共同享受小半天的轻松愉悦，已经是有缘。人生过半，要珍惜他们。

我关于"家宴"最初的启蒙，来自陆文夫写于1982年的小说《美食家》。

小说主人公朱自冶的家宴在他的私家园林里。他家的庭院幽雅而紧凑，树木花草竹石都排列在一个半亩方塘的三边，一顶石板曲桥穿过方塘，通向三间面水轩，临水的一排落地长窗大开着，请客的大圆桌放在东首。

朱自冶的太太孔碧霞操办了一桌家宴："洁白的抽纱台布上，放着一整套玲珑瓷的餐具，那玲珑瓷玲珑剔透，蓝边淡青中暗藏着半透明的花纹，好像是镂空的，又像会漏水，放射着晶莹的光辉。桌子上没有花，十二只冷盆就是十二朵鲜花，红黄蓝白，五彩缤纷。凤尾虾、南腿片、毛豆青椒、白斩鸡，这些菜的本身都是有颜色的。熏青鱼、五香牛肉、虾子鲞鱼等等颜色不太鲜艳，便用各色蔬果镶在周围，有鲜红的山楂，有碧绿的青梅。那虾子鲞鱼照理是不上酒席的，可是这种名贵的苏州特产已经多年不见，摆出来是很稀罕的。那孔碧霞也独具匠心，在虾子鲞鱼的周围配上了雪白的嫩藕片，一方面为了好看，一方面也因为虾子鲞鱼太咸，吃了藕片可以冲淡些。"

头盘
盐烤白果　帕尔马火腿配雪峰柚
捷克奶酪拼盘

凉菜
夫妻肺片　鱼子豆腐　皮蛋拌凉粉
桂花陈小排　柠檬鲜虾莴笋

主菜
清蒸大闸蟹

汤
天麻乌鸡汤

热菜
黄芪支竹烧羊肉　清香鸭子
椰浆南瓜　干贝蒸白萝卜

甜点
蜜渍无花果

第一道主菜是十只通红的番茄，装在雪白的瓷盘里，按照苏州菜的程式，第一只菜通常都是炒虾仁，揭去西红柿的上盖，清炒虾仁都装在番茄里。后面还有哪些菜式，陆文夫没有详写，只一笔带过还有芙蓉鸡片、雪花鸡球、菊花鱼、松鼠桂鱼、蜜汁火腿，"天下第一菜"、翡翠包子、水晶烧卖、三套鸭……每三只炒菜之后必有一道甜食，甜食准备了剔心莲子羹，桂花小圆子、藕粉鸡头米……

如此有规模、成体系的宴会菜单，我断断也列不出来的。但是也用了一周的时间，反复推敲斟酌，拟好了这次家宴的菜单。

酒是塔牌的陈年手工冬酿花雕，装在大坛子里，坛口用荷叶封号，再糊上泥巴。在网上下了单，酒坛子是用一个木架子架送上门的，那么沉，我拉进屋，木架上的钉子把木地板划出几道花。

家宴是分享的好时刻。分享是人类的天性吧，不然人类如何在严酷的自然环境中生存至今？就像温斯顿·丘吉尔说的，"我们靠得到的东西过活，我们靠给予的东西生

活。"这一点明显来自我母亲的遗传。

母亲是做家宴的好手，常被她的北方籍女友们请至家中，做一两个隆重的菜肴待客。她是川菜厨师的女儿，一个大家庭的长女，那个年代，照顾弟妹，为父母分担家务自然是她成长教育中最重要的部分。她也练出了烹饪手艺，还有分享的美德。

我们家因为父亲的工作原因，1970 年代末期离开重庆原籍，迁居到北方一个三线工厂。在北方，我们没有亲戚可以走动，用今天的时髦话语来说，我们家是核心家庭。家宴对我这个没有家族记忆的孩子来说，是为了与朋友相聚，没有家族聚会那种仪式感。爸爸常常会把他的川渝同乡同事请到家里来吃饭，这些同事要么是单身，要么家属在老家。多年后，看到中国台湾美食作家王宣一的一句话，"平常，是最恒久的思念。"突然醒悟，当年父母家摆满盘碗的餐桌，正寄托了异乡人对温暖、安全、失去的故乡生活的怀恋和想象。

妈妈操持的家宴以川菜打底，烧白、回锅肉、荔枝肉丝、红烧带鱼、粉蒸肉、凉拌皮蛋、红烧肉烧干大虾、排骨芋头汤是必不可少的，

有时居然还有大蒜烧泥鳅、酥焖鲫鱼。彼时肉、蛋、油等食品还是限额供应，需要用票证购买，记忆中冬天的餐桌上总是断不了大白菜炒肉丝，肉丝是零星的，等妈妈上桌，肉丝已经被我和妹妹挑拣光了。我总是很惊愕妈妈是如何变出这样一大桌佳肴的，又怎么会慷慨地将自己都舍不得吃的美食端给客人尽情享用？在惊诧成人们的生存智慧之余，又暗自担忧，不知道自己长大后该从何处找寻食物，做不出待客的菜肴可如何是好！食物的焦虑便以这样的方式影响了一个孩子。

幼时早熟的忧虑并没有变成现实，今天寻找好食材的途径多得无从选择，反而带来新的困惑。看王敦煌写他父亲的书《吃主儿》，提到王世襄先生做饭，是用最普通最便宜的原料做大众餐，一捆大葱都能做出"焖大葱"。王老先生是世家子弟，尚且珍视寻常食材，我又何必拗造型，牵一头猪去松林里寻找最好的松露？

家宴用的蔬菜去附近的菜场采购。鸡鸭买自超市里一个河南农场的专柜，它们可真没有辜负我；羊肉是朋友送的，他是内蒙的蒙族人，做羊肉经销，立志要让北京居民吃上优质的锡林

郭勒草原上散养的羔羊肉；干贝和帕尔马火腿是上次家宴时，两位闺蜜分别带来的礼物。天麻是妈妈精心挑选的云南彝良产的干天麻，用水泡发，每天换水，泡了一周才发好，前不久她来北京，临走前将泡好的天麻装在保鲜袋里，到了我家立刻冻进冰箱；皮蛋是重庆永川特产，小时候老家的亲戚们没少给北方的我们寄它们，那是乡愁。奶酪，几天前从捷克"人肉"背了回来；雪峰柚也颇有来头，好友去贵州做美食寻访专题，在采访的餐馆外偶尔买了一只湖南雪峰山产的小柚子，大为惊艳，便将水果摊上的柚子包圆寄回北京，分送朋友们。最重要的大闸蟹，网上定了产自天津七里海的河蟹；天津美食家朋友告诉我，为什么一定要吃阳澄湖的呢？就算是血统纯正的阳澄湖大闸蟹，舟车劳顿递到北京，也疲累得鲜活少了几分。

我操持的家宴走的是野路子，完全靠兴之所至。就像70后的成长道路，野蛮自由，纷繁庞杂，连蒙带猜，兼收并蓄，泥沙俱下，再经过沉淀澄清，终成自己那一路，虽无序、不成体系，却也生气盎然。

出现在我家餐桌上的待客菜肴中西合璧，印度咖喱和娘惹风格也不违和。做菜的方法东拼西凑来自看过的杂书，也来自道听途说，甚或吃了某地一道菜后的揣摩。比如干贝蒸白萝卜，就出自汪朗写他父亲汪曾祺的一篇纪念文章。汪曾祺招待作家朋友，用春天上市的小水萝卜加干贝烧。如何烧的？文中没有提及，我索性用应季的白萝卜，选个头小的，切成厚片，码在大碗里，上面撒泡好的干贝，泡干贝的水

也倒在碗里，上锅中火蒸30分钟。这道菜毫无萝卜的清苦，干贝反而激发出了萝卜的清新，我常常把它作为宴席的收尾菜，入口一扫前面数道肉菜的厚腻。

王世襄先生用最普通最便宜的食材做菜，关键在绝招。就像焖大葱，学者扬之水曾在王家品尝过，她写，"烧大葱是一手绝活儿，居然一点儿没有了葱味。师母说，昨天为了买葱，走遍了一条街。这么一小盘子，用了一捆葱，剥下来的葱叶子就有一筐。"朱自冶也有绝招，"一般的炒虾仁大家常吃，没啥稀奇。几十年来这炒虾仁除了在选料上与火候上下功夫以外，就再也没有其他的发展。……把虾仁装在番茄里面，不仅是好看，而且有奇味。"

我做桂花陈小排也有一点绝招。这个菜的灵感来自可乐鸡翅，只是用果酒替代了甜得发腻的可乐。选用一斤最好最整齐的猪小排，在倒了少许油的锅里煎得表面发干，再倒入一整瓶北京特产甜酒桂花陈，如果橱柜里正好有欧洲产的肉桂硬糖，便扔两粒进去，若没有拿两粒八角一根桂皮替代也好。调小火，盖上锅盖，等酒液慢慢烧，待肉熟，捡出小排，码在盘上，锅里剩余的汁大火收一下，用勺子浇在小排上。如果邀请的客人是肉大王，我会把小排换成肥三层瘦两层的上好五花肉，整块肉浸泡在桂花陈里焖烧，熟后切片装盘，肉皮非常有嚼劲。这道菜有酒香，有果甜，可以做冷盘。

正因为是朋友相聚的家宴，做出的菜是家常菜的升级版，不讲仪式。不知道是不是用了这个借口，我家的餐具也没有成套的，任性地单

个单个买着自己喜欢的食器。它们有中式、西式、和式、印度、伊斯兰风格，来历五花八门，有的购自景德镇鬼市的地摊，有的曾摆在伦敦最古老商场 Fortnum & Mason 的柜台，有的是瓷人朋友相赠的作品。借职业之便，走南浪北，一趟旅行下来，总有一二十件瓷器的收获：维奇伍德（Wedgwood）切尔西花园系列 10 寸沙拉盆、7 寸麦片粥碗购自英国瓷都斯托克（Stock-on-Trent）的维奇伍德瓷器厂，那年威廉王子大婚，前去报道皇家婚礼，从伦敦北上斯托克采访婚礼纪念瓷所得。去德国采访瓷器品牌唯宝（Villeroy & Boch），在品牌的工厂店里买到吃龙虾的钳子、小叉子，后来用它们吃大闸蟹居然比"蟹八件"还顺手。在爱丁堡一个古董店淘得方碟一件，落款"荣华堂"，原来是清末外销瓷，百年后又随我回归故土。

它们又脆弱又金贵，马虎不得，一个个仔细细、见缝插针放进法国 Longchamp 大号饺子包里，肩挑手提，恨不能嘴里再叼一个袋子。如何带回家也有了经验。我会专门带个饺子包，它可以折叠了收在行李箱里，撑开后底部又宽又平，内部空间充足，又用柔软结实的帆布制作，装零散买的没有成套包装的瓷器最合适。

也为了某个作者的餐具长途跋涉。某一年去日本关西休假，专程绕了大圈子，换了几趟火车，前往日本瓷都多治见，在车站又坐出租车奔到深山，拉着两个行李箱去安藤雅信的工作室"百草"，抢到外壁施以银釉的高足碗。之所以说"抢"，是因为安藤先生的作品由于手工制作的原因，品类不固定，每款数量极少，这只碗我比另一个觊觎者出手快了一秒钟而已。

安藤先生的银釉高足碗用来放鱼子豆腐，雪白的豆腐上堆着橘红和墨黑的鱼子。借用朋友美食家王恺的话，"中国是实用中有审美，日本

银釉瓷碗·安藤雅信

是审美中有实用。"我手下的家宴实用中有审美，盛在日本陶艺家的餐具里，审美又加持了实用。

过去人们从操办家宴这种类似于宗教仪式的行为中寻求舒服、安慰、归宿；坐到餐桌边，我们内心被唤起脉脉温情，普通的家宴立刻转变为情感的盛筵；举起酒杯，我们似乎握住了与广袤世界相联系的圣物。我们愿意一起坐在餐桌边分享美食佳酿和愉悦的人，在某种

程度上和我们是平等的、相似的、亲近的；邀请他走进家门共进家宴，表示对他的接纳，他是我们的同伴，我们喜欢的人。

核心家庭已成为主流，丁克越来越多，有些家庭甚至只有一个成员，这该被叫做原子家庭吧？想起在斯托克遇到的那位大姐。英国的瓷器生产已经转移到了亚洲等地，斯托克的瓶窑绝大多数已经熄火、荒废，不复当年的盛景，曾经的

瓷都像全世界所有萧条的工业区一样落寞，土气的街道更对应不上通常概念的英国城镇。在一个巨大市场的排档歇脚时，坐我旁边的一位英国大姐说，这个城镇留不住年轻人，大家都走了，她的儿子职业学院毕业后也离开了。她还会做家宴吗？她的儿子，那个到了大城市生活的年轻人，大概常以三明治、用微波炉"叮"一下就能吃的冷冻食品果腹吧。

小规模的家庭还会视就餐

银釉瓷碗·安藤雅信

为典礼吗？这是一个越来越不讲究仪式感、礼节的时代，我们以中央厨房统一配送到连锁餐馆的食物、外卖盒饭为生，也不再需要餐桌，消解了它在家庭生活、社会文化中的意义，就餐变得越来越随意，越来越追求效率。操办一次家宴需要两三天甚至更长的准备时间，需要付出巨大的耐心、努力，但是这些佳肴却在短短的几小时中被吃掉，非常不符合当下的价值观。与同桌的人沟通交流？远远没有在社交网络上发张美食图然后数数得了多少个赞更让人陶醉。今天大多数的人也许不愿意费心费力在家里举行典礼、仪式的，这实在令人感到遗憾。其实也没有什么可替别人遗憾的，几千年来，人类抛弃了多少仪式，埋葬了多少记忆？

朋友们来了。我们一起将酒坛子搬到桌前，用榔头敲开封口，把酒盛进一只清酒壶，温上。它是我去苏格兰北部奥克尼群岛，在一个小岛上的陶艺家工作室买的。陶艺家是英格兰人，曾去日本学习陶艺，手工做的陶器有北大西洋的粗犷，也看得出日本海里鸟居的影子。落座，上头盘，然后一道道凉菜。厨房里竹笼屉里已蒸上螃蟹。家宴开始了。

古董水晶酒具，Moser

给家宴小白的建议

❶ 不必苛求自己一定要做出七碟子八大碗，只需要做自己平时
拿手的菜就好。

❷ 至少提前一周邀请客人，确定人数，提前一周列出菜单。

❸ 把菜单上的菜的做法，默写一遍，记不清、含糊、写错的地方
对照菜谱改正。

❹ 列出所需的食材、调料，分清楚哪些可以提前采购，哪些是需
要当天才采买的新鲜食物，拿着这张采买单去购买。

❺ 同样，菜肴制作也分出哪些需要提前制作，哪些是当天早上
就要上火的，还有哪些在客人达到前才做好。

❻ 如果实在没有拿手的菜，就做一个大锅菜好了。菜谱见下方。

❼ 准备几支红酒。红酒可以应对一切中国菜。

小白之One Pot家宴

头盘 tapas

食材
法棍一根,超市所售进口肝酱一瓶。
做法
法棍切薄片,再改刀成适口的小块,尺寸大小以一块可以入口为准。将肝酱用小勺舀出来,堆在面包上。

主菜 酸汤肥牛

食材
冷冻肥牛、酸菜鱼调料。
做法
将酸菜鱼调料按包装说明,用油炒香,加水(有鸡汤、骨头汤最好)煮沸,下肥牛,滚开牛肉变色即好。

主菜 红烩海虹

食材
洋葱、大蒜、西红柿、超市售半成品冷冻海虹
做法
洋葱、大蒜、西红柿切成丁,在锅里炒香,加水烧开,倒入冷冻海虹,加白葡萄酒,待锅再开即好。倒入漂亮的深碗里,撒上干的西式香料,如百里香、鼠尾草,就可以上桌了。

注意
1.海虹无须解冻;半成品海虹已经有了调料,在烹制过程中不要随意加盐,以免过咸。
2.这两道主菜,搭配米饭、意面、中式手工面都很合适。

甜点 热带水果 什锦杂拌

食材
芒果、木瓜、菠萝、杨桃、橙汁、蜂蜜、淡奶油。
做法
所有的水果去皮,切小块。杨桃横切成星星状。把水果块放在锡箔纸上,倒进三大勺橙汁和一勺蜂蜜,把锡纸封好,放入烤箱,用烧烤档设200摄氏度,烤15~20分钟。连锡纸一起上桌,吃的时候倒上淡奶油。

注意
1.如果觉得奶油"太肥",可以换成原味酸奶。
2.如果没有烤箱,可以把水果无须加工,直接上桌;另制作风味酱汁,将白色巧克力掰成小块,放入稀奶油,在小火上融化,把这浓稠的酱汁浇在水果上。
3.还可以加入猕猴桃、蓝莓等颜色反差大的水果。

图书在版编目（CIP）数据

明天请来我家吃饭 ／ 木小偶主编. —— 北京：新星
出版社，2018.2
　ISBN 978—7—5133—2975—0

　Ⅰ. ①明… Ⅱ. ①木… Ⅲ. ①家宴－菜谱 Ⅳ.
①TS972.12

　中国版本图书馆CIP数据核字(2017)第323017号

明天请来我家吃饭

木小偶 主编

责 任 编 辑　汪　欣
特 约 编 辑　陈湘淅　孙　琪　雯　雅
新媒体编辑　彭颖露
装 帧 设 计　韩　笑
责 任 印 制　廖　龙

出　　　版　新星出版社 www.newstarpress.com
出 版 人　马汝军
地　　　址　北京市西城区车公庄大街丙３号楼　邮编100044
电　　　话　(010)88310888　传真 (010)65270449
发　　　行　新经典发行有限公司
电　　　话　(010)68423599　邮箱 editor@readinglife.com
印　　　刷　天津市豪迈印务有限公司
开　　　本　787毫米×1092毫米　1/16
印　　　张　11
字　　　数　70千字
版　　　次　2018年2月第1版
印　　　次　2018年2月第1次印刷
书　　　号　ISBN 978-7-5133-2975-0
定　　　价　49.00元

扫一扫关注
偶然Timing 官方订阅号